西湖绸伞制作技艺

西湖绸伞制作技艺

总主编 金兴盛

浙江省非物质文化遗产代表作丛书

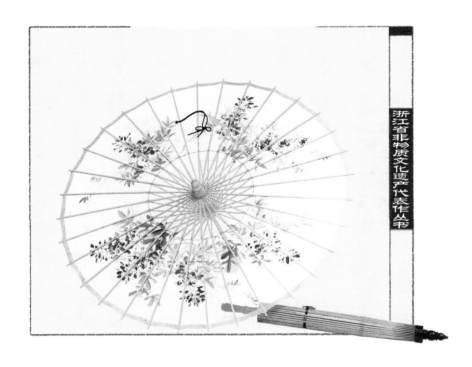

浙江摄影出版社

王曜忠 编著

总　序

中共浙江省委书记
省人大常委会主任　夏宝龙

非物质文化遗产是人类历史文明的宝贵记忆，是民族精神文化的显著标识，也是人民群众非凡创造力的重要结晶。保护和传承好非物质文化遗产，对于建设中华民族共同的精神家园、继承和弘扬中华民族优秀传统文化、实现人类文明延续具有重要意义。

浙江作为华夏文明发祥地之一，人杰地灵，人文荟萃，创造了悠久璀璨的历史文化，既有珍贵的物质文化遗产，也有同样值得珍视的非物质文化遗产。她们博大精深，丰富多彩，形式多样，蔚为壮观，千百年来薪火相传，生生不息。这些非物质文化遗产是浙江源远流长的优秀历史文化的积淀，是浙江人民引以自豪的宝贵文化财富，彰显了浙江地域文化、精神内涵和道德传统，在中华优秀历史文明中熠熠生辉。

人民创造非物质文化遗产，非物质文化遗产属于人民。为传承我们的文化血脉，维护共有的精神家园，造福子孙后代，我们有责任进一步保护好、传承好、弘扬好非物质文化遗产。这不仅是一种文化自觉，是对人民文化创造者的尊重，更是我们必须担当和完成好的历史使命。对我省列入国家级非物质文化遗产保护名录的项目一项一册，编纂"浙江省非物质文化遗产代表作丛书"，就是履行保护传承使命的具体实践，功在当代，惠及后世，有利于群众了解过去，以史为鉴，对优秀传统文化更加自珍、自爱、自觉；有利于我们面向未来，砥砺勇气，以自强不息的精神，加快富民强省的步伐。

党的十七届六中全会指出，要建设优秀传统文化传承体系，维护民族文化基本元素，抓好非物质文化遗产保护传承，共同弘扬中华优秀传统文化，建设中华民族共有的精神家园。这为非物质文化遗产保护工作指明了方向。我们要按照"保护为主、抢救第一、合理利用、传承发展"的方针，继续推动浙江非物质文化遗产保护事业，与社会各方共同努力，传承好、弘扬好我省非物质文化遗产，为增强浙江文化软实力、推动浙江文化大发展大繁荣作出贡献！

（本序是夏宝龙同志任浙江省人民政府省长时所作）

前 言

浙江省文化厅厅长　金兴盛

国务院已先后公布了三批国家级非物质文化遗产名录，我省荣获"三连冠"。国家级非物质文化遗产项目，具有重要的历史、文化、科学价值，具有典型性和代表性，是我们民族文化的基因、民族智慧的象征、民族精神的结晶，是历史文化的活化石，也是人类文化创造力的历史见证和人类文化多样性的生动展现。

为了保护好我省这些珍贵的文化资源，充分展示其独特的魅力，激发全社会参与"非遗"保护的文化自觉，自2007年始，浙江省文化厅、浙江省财政厅联合组织编撰"浙江省非物质文化遗产代表作丛书"。这套以浙江的国家级非物质文化遗产名录项目为内容的大型丛书，为每个"国遗"项目单独设卷，进行生动而全面的介绍，分期分批编撰出版。这套丛书力求体现知识性、可读性和史料性，兼具学术性。通过这一形式，对我省"国遗"项目进行系统的整理和记录，进行普及和宣传；通过这套丛书，可以对我省入选"国遗"的项目有一个透彻的认识和全面的了解。做好优秀传统文化的宣传推广，为弘扬中华优秀传统文化贡献一份力量，这是我们编撰这套丛书的初衷。

地域的文化差异和历史发展进程中的文化变迁，造就了形形色色、别致多样的非物质文化遗产。譬如穿越时空的水乡社戏，流传不绝的绍剧，声声入情的畲族民歌，活灵活现的平阳木偶戏，奇雄慧黠的永康九狮图，淳朴天然的浦江麦秆剪贴，如玉温润的黄岩翻簧竹雕，情深意长的双林绫绢织造技艺，一唱三叹的四明南词，意境悠远的浙派古琴，唯美清扬的临海词调，轻舞飞扬的青田鱼灯，势如奔雷的余杭滚灯，风情浓郁的畲族三月三，岁月留痕的绍兴石桥营造技艺，等等，这些中华文化符号就在我们身边，可以感知，可以赞美，可以惊叹。这些令人叹为观止的丰厚的文化遗产，经历了漫长的岁月，承载着五千年的历史文明，逐渐沉淀成为中华民族的精神性格和气质中不可替代的文化传统，并且深深地融入中华民族的精神血脉之中，积淀并润泽着当代民众和子孙后代的精神家园。

岁月更迭，物换星移。非物质文化遗产的璀璨绚丽，并不意味着它们会永远存在下去。随着经济全球化趋势的加快，非物质文化遗产的生存环境不断受到威胁，许多非物质文化遗产已经斑驳和脆弱，假如这个传承链在某个环节中断，它们也将随风飘逝。尊重历史，珍爱先人的创造，保护好、继承好、弘扬好人民群众的天才创造，传承和发展祖国的优秀文化传统，在今天显得如此迫切，如此重要，如此有意义。

非物质文化遗产所蕴含着的特有的精神价值、思维方式和创造能力，以一种无形的方式承续着中华文化之魂。浙江共有国家级非物质文化遗产项目187项，成为我国非物质文化遗产体系中不可或缺的重要内容。第一批"国遗"44个项目已全部出书；此次编撰出版的第二批"国遗"85个项目，是对原有工作的一种延续，将于2014年初全部出版；我们已部署第三批"国遗"58个项目的编撰出版工作。这项堪称工程浩大的工作，是我省"非遗"保护事业不断向纵深推进的标识之一，也是我省全面推进"国遗"项目保护的重要举措。出版这套丛书，是延续浙江历史人文脉络、推进文化强省建设的需要，也是建设社会主义核心价值体系的需要。

在浙江省委、省政府的高度重视下，我省坚持依法保护和科学保护，长远规划、分步实施，点面结合、讲求实效。以国家级项目保护为重点，以濒危项目保护为优先，以代表性传承人保护为核心，以文化传承发展为目标，采取有力措施，使非物质文化遗产在全社会得到确认、尊重和弘扬。由政府主导的这项宏伟事业，特别需要社会各界的携手参与，尤其需要学术理论界的关心与指导，上下同心，各方协力，共同担负起保护"非遗"的崇高责任。我省"非遗"事业蓬勃开展，呈现出一派兴旺的景象。

"非遗"事业已十年。十年追梦，十年变化，我们从一点一滴做起，一步一个脚印地前行。我省在不断推进"非遗"保护的进程中，守护着历史的光辉。未来十年"非遗"前行路，我们将坚守历史和时代赋予我们的光荣而艰巨的使命，再坚持，再努力，为促进"两富"现代化浙江建设，建设文化强省，续写中华文明的灿烂篇章作出积极贡献！

2013年11月20日

目录

非物质文化遗产是我国传统文化的瑰宝，是中华文明的实物印记之一，它关系到民族精神的传承，是见证一个地区文明发展史的活化石，记录着我们民族繁衍生息的历史，传承着民族文化的血脉。

杭州是一座具有八千多年历史的文化名城，优美的自然环境和深厚的文化底蕴，创造出丰富而宝贵的非物质文化遗产，西湖绸伞就是其中之一，它凝聚着先辈们的智慧，是浙江文明宝库中璀璨的明珠。

伞是古人根据斗笠、车盖、仪仗制度等因素综合而成的一件发明，它的正式出现时间约在夏商时期，到今天已经有四五千年的历史。最早叫"华盖"、"曲盖"，唐朝李延寿写的《南史》、《北史》才正式为伞定名。唐朝时，纸伞就传入日本及东南亚国家，16世纪又传入欧洲。20世纪30年代，杭州爱国实业家都锦生首创西湖绸伞。至现代，伞已由古老的伞盖发展为纸伞、油纸伞、布伞、胶油布伞、尼龙伞、塑料伞、丝绢伞等品种。西湖绸伞一枝独秀，以清丽夺目的造型，精巧非凡的工艺取胜。

杏花、春雨、江南，长长的雨巷，湿润的青石板路，撑着伞的丁香般忧郁的姑娘……20世纪30年代，著名诗人戴望舒的名诗《雨巷》为杭州的伞赋予了诗的美感，伞仿佛天生就是属于江南的。杭州是著名的丝绸之乡，竹更是中国传统文化中具有独特审美之物，再加上西湖绸伞的装饰、造型与绘画、刺绣、刷花巧妙地结合，形成了独特的艺术风格，极具江南风情。

一把小小的绸伞，需经过一百多道制作工艺。正是这样精雕细琢的工艺，造就了古朴典雅、气质高贵的西湖绸伞，能够与西湖优美的自然环境融为一体，与杭州的丝绸、龙井茶等名特产一样，彰显杭州特有的文化。无数的中外游客来到杭州，在饱览西湖风光之余，也常常以带走一把西湖绸伞的方式，留住他们对杭州、对西湖的美好记忆。可以说，西湖绸伞是杭州的一张金名片。

杭州市工艺美术研究所是国家级非物质文化遗产项目西湖绸伞制作技艺的保护单位，数十年来为西湖绸伞的传承、保护和发展做了大量的工作。《西湖绸伞制作技艺》一书，集中反映西湖绸伞这一优秀的非物质文化遗产的发掘、整理、抢救、保护和传承的成果，其中一些珍贵的历史档案、西湖绸伞图谱、老艺人传承谱系，绸伞生产作坊、厂家的历史沿革、极具文物价值的制伞工具遗存，均首次对外展示，有较高的研究价值，对保护民族文化遗产具有重要的意义。

杭州市工艺美术研究所

2013年8月

概述

伞，在我国历史非常悠久。据记述，四千多年前的黄帝时代就有伞了。盖，是伞的古称。华盖，即华丽的伞盖。

概述

[壹]西湖绸伞制作技艺的起源

伞，在我国历史非常悠久。据记述，四千多年前的黄帝时代就有了。盖，是伞的古称。华盖，即华丽的伞盖。

古代对伞的制作和使用是有所规定的。伞盖的颜色、纹饰、高度，都依爵位不同而等级森严。华盖，其帏以黄色绫绢为里，故又称"黄屋"，为御用之物，不准他人僭越。由于用丝帛制成，价格昂贵，被视为王公贵族、高级僧侣的权威象征。宋代王溥著《会要》载："国朝卤簿有紫方伞四把，红方伞四把，曲柄红绣伞四把，黄绣伞二把，黄罗绣九龙伞一把，直柄黄绣伞四把。"《通典》中也有"一

古代华盖

展开的华盖

品二品，银浮屠顶；三品四品，红浮屠顶，俱用黑色、茶褐色罗衣，红绢里，三檐；五品用红浮屠顶，青罗裘，红绢里，两檐"的记载。从中可以看出，伞的造型有方有圆，伞柄有曲有直，伞面有绣有绘，面料有绢有罗，而且伞顶有塔形装饰，伞边有多层檐饰，造型、花色、装饰等均十分多样。

簦与笠，都是原始的雨具。早在大约三千年前，斗笠已是劳动者普遍使用的雨具。东汉人许慎《说文解字》解释：簦，是有柄的笠；笠，是无柄的簦。簦、笠的区别就在于有柄与无柄。显然，簦起源于笠，笠是最原始的伞。

随着造纸术的发明，人们采用廉价的竹质伞骨，贴上涂了桐油的纸制成伞，油纸伞便风行起来。特别是明清时期，我国制伞业发达，出现了精工彩绘的花纸伞，制作上更为精巧别致。从那时起，不少小说和戏曲中都写到伞，伞的实用功能正慢慢地向美的方面延伸。近现代杭州制伞业发展很快，坚实、耐用的油布伞、绢面伞相继问世。20世纪30年代，杭州著

清代笠帽

古代华丽出行的伞、盖、仪仗

名实业家都锦生沿用前人造伞经验,吸取国外装饰伞的长处,创制了能充分显示杭州地域文化特色的西湖绸伞。

西湖绸伞,源自先人的造物智慧,代代相承的制作工艺,衍生出了中国伞文化,展现了一道独特的文化风景。

[贰]西湖绸伞制作技艺的发展

西湖绸伞为杭州极具地域文化特色的手工艺品,设计奇巧,制作精细,透风耐晒,高雅美观,既实用又具有较高的艺术价值。

杭州西湖绸伞始创于20世纪30年代,源自杭州著名实业家都锦生的灵感和创意。为解决丝织生产淡季的问题,都锦生从国外考察回来,寻思开发与丝绸有关的绸伞,而后成立了以竹振斐为主的三人试制小组。

根据浙江的资源状况,伞面由该厂专机织造。伞骨研制则派人去温州、永康、平湖四处访贤。当年富阳鸡笼山有两位劈骨高手,名戴金生、朱瑞洪,工于伞骨技艺,都锦生不惜重金聘请他们到厂参与试制。按照竹振斐三人组对西湖绸伞的要求,他们创造性地将伞骨分劈成篾青、篾黄两层,以供夹放伞面,想不到这一创意竟开创了西湖绸伞造型工艺的基本结构。之后,试制小组再对绸面装饰、伞杆、伞头、伞柄进行深入研究、设计与技术性配制。西湖绸伞历经两年多的试制、调整,1932年终于研制成功。

都锦生为了扩大影响,耗资八百余银元,特邀上海当红电影明星胡蝶、徐来女士来杭州为"绸伞试制成功庆典"揭幕,西湖绸伞从此出了名。

伞仿佛天生就是属于江南的。杭州是著名的丝绸之乡,竹更是中国历代文人心目中独具特色的审美之物,再加上西湖绸伞极富艺术化的制作技艺,可以说,西湖绸伞材料、工艺、造型、装饰都是伞氏家族中别具一格的。

投产之初,仅试制小组的三人参加。也曾聘请一名大学生设计绸伞伞面,设计有圆形、方块等图案,但颜色、格调、品相都不够理想,后又换用人工绣花,但绣花图案单调、僵硬,无法体现画面的虚实。最后试制小组采用刻版刷花,以西湖的湖光山色装饰伞面,获得了成功。

1935年后,启文丝织厂老板从香港回来,见到绸伞制作有利可图,也加入了行业竞争。之后相继有"振记竹氏"、"王志鑫"等绸伞作坊开设,其中由西湖绸伞主要创制者竹振斐开设的振记竹氏伞作最为有名。在杭州南班巷也开出了一些绸伞生产小作坊。抗日战争前夕，绸伞大多在西湖风景点门售，销售对象为各地游客，春、秋两季绸伞供不应求，而9月到次年2月的旅游淡季则销量较差，那时全市绸伞年产量仅八百把左右。

1937年抗日战争全面爆发，杭州沦陷，游客绝迹，绸伞生产全面停顿。1945年后至1948年，西湖游客逐年增多，绸伞生产渐渐复苏，年产量达到一万把，从业人员也发展到百余人。生产作坊略有增加，但因遭受战乱和货币贬值的影响，发展极不稳定。

1949年新中国成立后，人民政府十分重视扶持手工业的生产，引导手工业走上合作化的道路。1951年后，由政府主持召开了浙江物资交流大会和杭州土特产交流大会，西湖绸伞被列为杭州特种工艺品，由浙江省土特产进出口公司指导西湖绸伞工作，直接订货，并帮助给以银行贷款，派员到上海、天津、广州等地疏通销售渠道，打开销路。1952年，西湖绸伞接到第一宗出口订单，主销苏联和东欧各国，之后拓展到印度尼西亚、印度、菲律宾、缅甸、意大利等四十余个国家。

由于打开了销售渠道，绸伞业迅速发展。据1953年初杭州市手工业生产合作社关于西湖绸伞的调查报告称，当时的绸伞专业户每月生产绸伞两千余把，因分发到各专业户的家庭生产，产品质量和规格不太稳定。为保证质量，当时生产用的伞面用绸统一向中蚕公司预订，所用丝线、鱼胶、包头纸等辅料在本市采购，伞骨统一由浙江省土特产进出口公司向富阳鸡笼山农户定制，然后分配给各专业户生产。浙江省土特产进出口公司组织一百多人投入伞骨生产，有力地支持了绸伞的发展。至1953年年底，绸伞生产作坊又增加至九户，全年产量比1952年增加四倍，产品由省土特产进出口公司统一检验收购，满足了出口任务的需要。

1953年，由振记竹氏伞作、金星工艺社为主，组成绸伞联营处。1954年12月，在合作社高潮兴起时，由五一伞作、三一伞作、振记竹氏伞作等联合成立杭州绸伞生产合作社，成为杭州市绸伞业生产的主力军。

庆祝杭州市工艺美术研究所建所三十周年员工合影

1956年1月，万丈伞作、孙沅兴伞作等四家绸伞生产户并入德丰新绝缘材料厂，成立绸伞车间，后辗转拆并，与都锦生丝织厂的绸伞车间合并，成立公私合营杭州绸伞厂。

1958年艮山门坝子桥的西湖绸伞厂生产车间

1958年10月，政府决定成立地方国营杭州风景绸伞厂，即杭州西湖绸伞厂。至此，全市所有绸伞生产单位和绸伞艺人荟萃一堂，形成了绸伞业的大一统局面。

随着产量提高，出口量增多，为提升西湖绸伞的质量和艺术品位，1960年成立了杭州市工艺美术研究所，特设西湖绸伞研究室，调集一批专业设计人员专攻西湖绸伞出口的创新产品。

当年的杭州西湖绸伞厂大门

在这段时间里，西湖绸伞产量急剧增加，从业人员多达四百余人，绸伞的规格、质量也有很大

西湖绸伞制作场景

手工作坊和工艺社的老艺人合影

的改进。伞面用绸从较厚的斜纹绸改为A、B级厂丝织造，使绸伞具有半透明的朦胧意趣；花板由单套改为双套，风景图案从单色改为多色，加之改进刷花技术，伞面图案更显鲜艳秀美；包制伞头由绉纸改用零绸料和牛皮纸，牢度大增；捺跳由原来的钢丝制改为铜跳，增加了耐用性；伞骨从原四十支、四十六支定型为三十二支、三十六支，工艺上更趋合理，又便于操作。1958年，绸伞品种由单一的普通绸伞增加到十二种；伞面花样由原来的"平湖秋月"、"三潭印月"、"苏堤春晓"、"断桥残雪"、"雷峰夕照"、"六和塔"、"浙江先贤祠"等，增加了北京、南京、苏州等外地的十多种风景；绸面颜色也从原来的大红、品蓝等六种增加到十七种。绸伞艺人提出口号："要用我们的劳动和智慧，为国家作出更大的贡献。"1959年，绸伞年产量达六十万把，出口量达四十万把，均达到绸伞生产历史上的最高峰。

正当西湖绸伞兴旺发达之际，由于国际关系发生变化，绸伞生产形势急转直下。1960年起，出口渠道堵塞。国内经济形势不佳，西湖绸伞生产陷入低谷。1964年和1965年，西湖绸伞年产量都只维持在几千把的数量上。地方国营杭州风景绸伞厂大批技术人员外调、流失，不久企业又调整返回到集体所有制。

"文化大革命"初期，西湖绸伞又被视作"四旧"，在"扫荡"之列。1970年，西湖绸伞停产。1972年，美国总统尼克松、柬埔寨西哈努克亲王访华，西湖绸伞成为赠送外宾的国礼，杭州西湖伞厂又恢复了绸伞生产。1975年和1976年，由于绸伞原料淡竹来源困难等原因，又再度停产。1977年至1986年，虽恢复了生产，西湖绸伞却从此一蹶不振。1990年后，西湖伞厂迁址，调整产业结构，以生产钢骨晴雨伞为主，绸伞逐渐停产。杭州市工艺美术研究所附属实验厂成为唯一一家生产西湖绸伞的单位，仅以小批量的生产来维持这一传统的手工艺。

西湖绸伞制作技艺主要创始人竹振斐

杭州市工艺美术研究所为西

湖绸伞的发展与提高，早在1960年建所之初就设立西湖绸伞研究室，特聘都锦生丝织厂西湖绸伞制作技艺的主要创始人竹振斐先生为研究室主任，开展新产品与高端绸伞的研发工作，由小批量生产逐步成为西湖绸伞主要的生产单位，至20世纪90年代初，成为唯一的生产单位。在近五十年的风雨历程中，始终坚持这一文化产业的继承、发展和开拓。

竹振斐先生是西湖绸伞的技术权威，在他的主持下，对绸伞的伞面装饰、头柄造型、使用性能进行大胆的创新。他开创了刷花、绣花、绘花工艺，俗称绸伞工艺的"三花"。制作工艺的创新，形成了独特的艺术风格。由于绸伞品种增加，档次提高，西湖绸伞浓郁的江南风味和秀丽典雅的艺术神韵从此名闻遐迩。

在竹振斐夫妇的带领下，培养出了一批具有大、中专学历的创作设计人员与技术人才，西湖绸伞产品质量和文化品位有了很大提高。为展示成就，1990年，西湖绸伞以崭新的面貌参评中国工艺美术"百花奖"，深得同行的喜爱和赞扬，在同类产品中胜出，荣获中国工艺美术"百花奖"创新设计一等奖并获得"希望杯"。

2005年，在浙江省、杭州市政府的关怀和支持下，杭州市工艺美

西湖绸伞制作技艺代表性传承人宋志明

术研究所将西湖绸伞制作技艺
逐级申报非物质文化遗产，2008
年申报国家级非物质文化遗产
项目获得成功，杭州市工艺美术
研究所成为西湖绸伞制作技艺
保护单位。2009年，杭州市工艺
美术研究所宋志明被列为西湖
绸伞制作技艺唯一的代表性传
承人。之后，宋志明西湖绸伞技
能大师工作室成立。在狭小的工
作室里，宋师傅坚持课徒传艺，
小批量生产西湖绸伞，还开发出
一批适合当今社会需要的新品

刷花

剪糊边

种。杭州市工艺美术研究所也
深感传承西湖绸伞不仅是绸伞
技艺传承，更是传统文化的延续，责任重大，为此，敦促全所职工大力
支持西湖绸伞制作技艺的保护和传承工作。2008年，杭州市政府决定
筹建刀剪、扇业、伞业三个国家级博物馆，指令杭州市工艺美术研究
所参与伞业博物馆的筹建。为此，研究所遵照市政府的指示，组织人
员，成立工作小组，对研究所保留的西湖绸伞历史档案、实物资料进

穿花线

贴青

行全方位的梳理、整合,邀请退休制伞艺人、设计师,包括原西湖伞厂退休多年的艺人一起,对西湖绸伞工艺流程、传承脉络、历史沿革、轶闻趣事进行查找、采访、追忆,以补充文档的缺失,全面做好归档工作。同时,成立展品研制小组,诚聘他们参与博物馆展示作品的研究和复制工作。建馆后,委派退休职工张金华在博物馆作活态技艺表演。在新老艺人的共同努力下,2011年,西湖绸伞入驻中国伞业博物馆和杭州工艺美术博物馆活态展示厅,得到很好的保护和彰显。

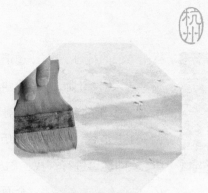

制作流程

西湖绸伞兼有实用（遮阳）和装饰的双重功能，而装饰功能尤高。绸伞以西湖为名，它的造型、色彩、图案、情趣、气质与西湖的天然丽质浑然一体，历来是中外人士所喜爱的时尚生活用品、理想的旅游纪念品、赠送亲友的高档礼品。

制作流程

西湖绸伞，精选浙江地区独有的淡竹资源、薄如蝉翼的江南丝绸，伞面饰以美丽的西湖风景图案，是具有杭州地域文化特色的工艺美术品。"撑开一把伞，收拢一节竹"是其设计上的奇思妙想。

西湖绸伞兼有实用（遮阳）和装饰的双重功能，而装饰功能尤高。绸伞以西湖为名，它的造型、色彩、图案、情趣、气质与西湖的天然丽质浑然一体，历来是中外人士所喜爱的时尚生活用品、理想的旅游纪念品、赠送亲友的高档礼品。

[壹]制作材料

1. 制伞材料。

（1）江南淡竹——西湖绸伞伞骨制作的主材。

学名：Phyllostachys glauca McClure.

科属：禾木科、刚竹科。

形态：中型竹，主干高6—18米，直径约25毫米或更大。梢端微弯，中部节间长30—40厘米。新竿蓝绿色，密被白粉；老竿绿色或黄绿色，节下有白粉环。竿环及箨鞘淡红褐色或淡绿色，宽1.2—2.4厘米。叶背基部有细毛，叶舌紫色。笋期4月中旬至5月下旬。

习性：耐寒性、耐旱性较强，常见于平原地、低山坡地及河滩。竹竿坚韧，生长旺盛。

淡竹分布于黄河流域至长江流域间以及陕西秦岭等地，生长于丘陵及平原，浙江、江苏、安徽等省较多。

淡竹形态婀娜多姿，竹竿光洁如玉，竿壁略薄。篾性尤佳，是上等的农用、篾用竹种。杭州农村多于宅旁成片栽植，以供实用及绿化环境。

浙江气候温润，盛产竹类。在浙江数以百计的竹类品种中，唯有淡竹是制作伞骨的上好材料。这种竹生长于山谷溪边，承受着清冽润泽的山岚水汽的滋养，具有竹筒瘦长、竹节平整、篾匀皮薄、色泽青翠、挺拔圆直等独特的优点，为其他竹类品种所不及。浙江也只有余杭、德清、安吉、富阳、奉化等地出产。西湖绸伞制作对淡竹的要求极为苛刻：必须有三年以上的竹龄；粗细规格15—16.7厘米；竹节间隔不能小于

江南淡竹园

一节竹

38厘米；竹筒色泽必须四周均匀，不能有阴阳面或斑痕。一般每支淡竹只能取其中二至四节，即每支淡竹只能取用一至两把伞骨。

（2）杭嘉湖丝绸——西湖绸伞伞面制作的主材。

杭州素有"丝绸之府"的誉称。早在春秋时期，越王勾践就以"奖励农桑"为富国之策；五代吴越国时期实行"闭关而修蚕织"；到了明代，杭嘉湖一带更是有了"丝绸之府"的美称，种桑养蚕、男耕女织具有广泛的民众基础。清代的杭州，"机杼之声，比户相闻"，繁华异常。

杭州丝绸质地轻软，色彩绮丽，为西湖绸伞所选用。20世纪30年代，伞面用绸是都锦生丝织厂自己织造的，称"真丝伞面绸"。该产品是配套西湖绸伞的特供产品，因绸伞的销量不多，仅有本白、湖蓝、钴蓝、粉红、淡绿几种颜色。

随着绸伞私人作坊的兴起，小业主所用的伞绸都锦生不予供给，只能到作坊、绸庄购买，品种有杭嘉湖地区的A、B级真丝乔其纱、真丝电力纺、真丝斜纹绸。真丝绸的特点为薄如蝉翼，轻柔朦胧，有湖色、血牙、天蓝、新绿、玫瑰、奶红、火红、淡黄、皎月等十多个品种，足够绸伞艺人使用。

1949年后，伞厂选用丝绸大致分两个阶段。20世纪60年代以前（包括合并前的私家作坊），一般选用真丝电力纺，其特点是质优、厚实，便于使用，缺点是透明度差。到20世纪60年代以后，厂方喜欢使用真丝乔其纱,有时也选用斜纹绸。出口到苏联的产品,多以真丝乔其纱为主,因其轻薄、透明,刷制上一幅幅清新素雅的西湖风景画,晶莹剔透,深得客户欢迎,于是一直沿用至今。

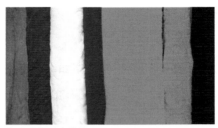

色彩缤纷的乔其纱

杭州市工艺美术研究所致力于西湖绸伞的研究和新产品的开发,对丝绸伞面的选用是多元的,真丝电力纺、真丝乔其纱、真丝双绉、斜纹绸等都使用过。伞面设计按照不同需求,选材施艺,如刷花、绣花、绘画工艺,选用不同的丝绸,因此,研制出丝绸伞面上的"三花"艺术。

轻盈透明、薄如蝉翼的乔其纱面料

真丝乔其纱、真丝电力纺、斜纹绸面料

随着人们的思想观念、审美情趣的变化,丝绸的选用就更加多元,休闲、时尚、民俗的审美也渐渐融入绸伞文化。印花的丝绸面料、精纺的高档丝绸提花面料,乃至万缕丝、蓝印花布料等,西湖绸伞都使用过。

2. 生产工具。

西湖绸伞制作工序如细分有一百多道，其生产工具更是品种繁多，不胜枚举。从简单的竹锯到各类砍刀、削刀、码铅、运刨，传统脚踏人工槽床、竹马、穿孔打眼等土制工具，还有快捷先进的电动工具，令人眼花缭乱，目不暇接。这些传统、古朴的生产工具，在制伞艺人手中已传承了近百年，运用起来得心应手，显示了创制者的聪明与智慧。在此，选一部分有代表性的传统工具与操作方式作一介绍。

（1）伞面生产工具。

竹绷圈，用以绷放伞面的双层竹圈

自制槽床，铣伞骨开槽的专用工具

各类专用异形剪刀，用以穿换伞架腰线、穿花线、剪糊边等

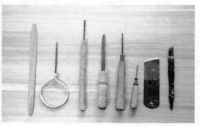

铰刀、钻、铁木锉、拔钉钳等自制工具，为制伞工艺中不可缺少的专用工具

绸伞标准定位架，将绸伞面上到伞骨架
上的专用工具

多种伞标准定位架

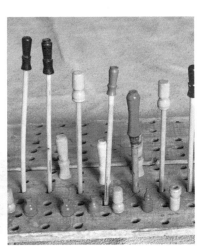

贴青专用架，支撑伞面用于贴青的专用架子

油漆伞头、伞柄、伞杆专用架

（2）传统伞骨生产工具。

刀圆箱，摆放伞骨的专用工具

劈骨专用磨刀工具

自制劈骨墩头

劈短骨撑柱

竹马凳，用于长短骨刮青

穿孔工具

自制的劈伞骨墩头

自制的砍头、削刀、码铅、运刨及锉、钻、磨、削等工具

[贰]制作流程

西湖绸伞制作流程十分繁复，20世纪70年代末，竹振斐和夫人游静芝以他俩一辈子的实践经验，笔录了一套便于生产的工序，十八道工序又分三个阶段完成。每道工序安排得井井有条，顺理成章。工艺要求十分严谨、细致，全部由手工完成。这为以后几十年绸伞的生产和发展打下了良好的基础。

1. 采竹。

第一道工序——选竹，俗称"号竹"。每年白露季节前，派出有经验的老师傅，分别到余杭、奉化、安吉、德清等淡竹产地，翻山越

深山号竹

三年以上的老竹方可使用

砍回淡竹，按绸伞尺寸取材

将竹材浸入药缸，进行防蛀、防霉处理

岭，在竹林中寻觅，挑选具有三年以上竹龄，粗细在五六厘米，色泽均匀，没有阴阳面和斑痕的淡竹。过嫩、过老、过粗、过细的竹都不能用，可谓"百里挑一"。这样挑选出的淡竹，砍下后每株仅取中段二至四节作伞骨，其余的弃之不用。然后，将选好的竹材浸泡在药缸里进行防蛀、防霉处理，采竹工序就完成了。

2. 伞骨架制作。

第二道工序——伞骨加工。将原材料制成伞骨，须经过擦竹、刮青、劈竹、穿骨、劈青，包括后期铣槽、劈短骨、钻孔等多道程序。

劈竹是将一段圆润的青竹分劈成三十二根伞骨，每根骨4毫米宽。如果粗一点的竹段则劈成三十三根，还需要抽骨，即抽掉一根，以保持竹筒圆润，竹节平整。

擦竹、刮青

然后再完成编挑、整形、铣槽、劈短骨、劈青骨、钻孔等后期一系列工序，伞骨加工才全部完工。

第三道工序——车木，包括伞头、伞柄打洞等。伞头、伞柄一般选用上好的木料在脚

伞头开槽

伞骨劈青，将篾青、篾黄劈开，每伞一扎，上下编号

将圆竹劈成三十二根

削骨子

伞骨铣槽

踏车木床上车制、打洞，完成制作。

第四道工序——伞面装饰，即刷花、绣花、绘花，俗称"三花"工艺。该工艺在上好伞面后进行，而绣花工艺则先将伞面图案绣制完毕，然后再裱上伞骨。

第五道工序——伞骨劈青，包括编号、劈下后每伞一扎。就是将劈好的长骨的篾青、篾黄上下劈开，上下左右，排序不能错位，并用罗马数字编号，以便之后贴青时可以顺利对号入座。

穿骨整理

劈短撑

伞骨钻孔

3. 上伞面。

系十八道工序中最重要的一段。技术性、艺术性含量高，要经过缝角、绷面、上浆、上架、剪糊边、穿花线、刷花、折伞等多道工序，最后再完成贴青、装杆、包头、装头、装柄、打钉口等多道装配工序，至此，上伞面这道工序才算完成。道道工序都必须全神贯注，不得马虎。

第六道工序——上架。将伞面绸上绷、上浆，直接固定在伞骨上。上绷亦称"绷面"，即把伞绸紧绷在竹绷圈上。竹绷圈有两个，一个稍大，均包裹一层绸布。操作时，将绸布夹放在相套的两圈之

伞面绸上绷上浆

伞面刷花

间，保证伞面平服，然后就可以上浆、上架。上架前，先用排刷为伞骨刷上白浆，之后在绷面上确定中心点，利用锋利的小刀在点上戳个小孔，然后将伞尖套在小孔上，利用白浆的黏性使伞面平整地黏合在伞骨上。黏合之后，需放置一昼夜以待干燥。

伞面贴青

穿花线

第七道工序——穿线，包括穿腰线、边线。这道工艺看似简单，对伞骨的牢固、稳定起到关键的作用，一点也马虎不得，既要宽松得当，又要均匀平服，才不会影响下一道工序的操作。

第八道工序——剪边。包括剪边后黏边，俗称"剪绷边"。伞骨与伞面黏合牢固，就可以进入剪边工序，用剪刀剪去多余的绸料，裁剪时切记留有余地，比伞面稍大一些，剪边的形状要整齐、美观、自然，然后将它翻折，用浆糊粘贴在伞面内层。

第九道工序——折伞。就是将粘贴好绸面的西湖绸伞收拢成一节竹的形状，然后用绸绳紧紧地绑上，防止走形。值得注意的是，在收合绸伞的同时，一定要用竹制工具抚平褶皱。为了让黏合的伞面在伞骨上充分干燥、牢固，折好的绸伞必须要放置二十四小时。

第十道工序——贴青。将劈青下来的篾青按原位对号入座。贴青是个技术活，其工艺要求归纳为"三齐一圆"。须将每支竹骨的篾青，按劈青时的编号，一支不错地胶合到原配伞骨的绸面上，使伞面收折起来后回复成一节玲珑可爱的天然竹段。贴青前先用刮刀将竹条刮磨平滑，用毛笔蘸上黏合剂，均匀地涂抹在竹骨上，最后，借助竹骨上的黏合力平服地粘贴在伞面上。

第十一道工序——刮胶。使用自制竹刀清理伞骨上贴青时溢出的污渍与胶水留痕，以保证伞骨的清润圆洁。刮轻了犹如隔靴搔痒，刮重了有损篾青的表皮，会影响绸伞的外观形象。因此，一般由胆大心细的老师傅完成。

折伞

第十二道工序——装杆。该工序就是将制成的伞杆穿置在绸伞的上斗、下斗的中空里。说起来很简单，只要套上就可以了。关键是必须控制好伞键（铜跳）的安装部位，辨别安装得是否到位。在撑开绸伞的一刹那，如果听到清脆的"的"声，就表明安装到位了。

　　第十三道工序——装包头、装柄。安装包头，是将伞顶用牛皮纸包覆，为外形挺括的圆面造型，相对更显技术含量。从美观方面要求，西湖绸伞在包头时绸面易粘上糨糊，包裹后还要在包头上钉上图钉固定，稍不注意就会污染伞面，为此，务必万分小心。

　　第十四道工序——穿花线，即伞骨、短撑上穿线。装配好的长伞骨、短撑上都有四排细孔，每排三十六孔，共一百四十四个细孔，每孔直径不到1毫米，每排细孔之间距离10—25毫米，纵横交错。制伞艺人一手飞快地旋转伞身，一手捻着一枚花线针，在密密麻麻的缝隙中飞针走线，来回交叉，编织成一片漂亮、繁复的网纹。完成一把绸伞的穿花线工

剪边

装伞杆

包伞头

修伞

序，要穿引二百九十六针。工艺细密如此，令人叹为观止。

第十五道工序——钉扣。先打扣结，后装钉。扣结，就是西湖绸伞收拢时用以固定外形的一件小小的装饰件，形似小型中国结，两端结有类似旗袍上的阴阳扣，装配妥当。解开扣结撑开时是一把伞，收拢伞面，将其扣上，俨然一柄天然的秀竹。

第十六道工序——整修伞。装配好的绸伞，如检查中发现短叉（撑）、"耳朵"、"长撑"等质量问题，或是装配中出现长短参差现象，及时予以修改和更换。

第十七道工序——检验。对完工后的西湖绸伞进行全面的质量检查与把关，如发现问题，一律退回生产部门整改，整改后仍不符要求的，就作为废品处理。

成品技术检验

第十八道工序——包装。包装是西湖绸伞的脸面，从20世纪50年代的纸质包装到现代织锦缎锦盒包装，经历了多次更新换代，万变不离其宗。作品外面都要设置一层保护套，或纸质，或塑料，或发泡纸等，目的都是让西湖绸伞得到很好的呵护。

一把精制的西湖绸伞，全

长53厘米，净重250克左右。收拢时，彩色的绸面不能外露，三十二根伞骨恰好还原成一段淡雅的圆竹，结节宛然，十分朴素大方。撑开时，伞面五光十色，有的绯红如旭日一轮，有的蔚蓝同晴空一色，有的青绿像碧水一泓，美不胜收。

包装成品伞

十八道工序，环环紧扣，最终保证制作完成时"撑开一把伞，收拢一节竹"。

[叁]制作特色

"一节竹，一把伞；撑开一把伞，收拢一节竹"，这就是西湖绸伞的外形特色与魅力所在。

西湖绸伞的伞头、伞杆、伞柄、伞面设计无不渗透着杭州西湖美景与地域文化内涵，造型古朴典雅、自然和谐，与伞面的西湖美景融为一体，巧妙地构成一幅立体的湖光山色图。

1. 西湖绸伞的结构特色。

西湖绸伞的结构主要由伞骨、伞头、伞柄、伞杆、伞面组成，简明扼要，清楚明白。但要弄懂各部件之间的功能、作用和连接方式，形成一个收撑自如的结构，就不是那么容易了。

2. 西湖绸伞的工艺特色。

西湖绸伞奇巧的创意设计，精密细致的装饰结构，个性化的造型特色为世人所叹服，它凝聚着几代制伞艺人的聪明才智。

伞骨工艺特色：伞骨的工艺特色主要体现在巧妙的结构和工艺造型上。一把伞骨由一支圆润的青竹劈成，工艺上要求极为严格，不多不少整整三十二根。再在竹节上打眼、穿孔，供支撑短骨，伞骨架由长伞骨与短撑，上、下伞斗共同组成。长伞骨经篾青与篾黄分劈，上下分开，柔软的丝绸夹制在篾青和篾黄之间。这种装置手法，在国内外任何制伞工艺中是没有的，既牢固又平服，也是西湖绸伞别具匠心的个性特色。

伞头工艺特色：西湖绸伞的伞头，以杭州西湖"三潭印月"之石潭为造型蓝本，具有浓郁的地域文化韵味，设计时采用写实、对比、夸张、变形之艺术手法，创制出仿真型、矮胖大肚型、开孔透光等众多的艺术造型，规格不一，品种十分丰富。又以不同的材质及色彩，让"三潭"与碧水一泓的西湖风景有机地融合在一起。人们撑一把西湖绸伞，仿佛展开一幅立体的湖光山色图。

伞柄工艺特色：伞柄以手感舒适、人性化为制作原则。早期的伞柄，多采用杉木车制而成，一般呈圆瓶形状，光滑、舒坦。材质要求很高，品种有红木柄、鸡翅木柄、花梨木柄、竹根柄、牛骨柄、牛角柄等。高档伞柄会采用稀有的牛角、象牙制成。伞柄的上端还配

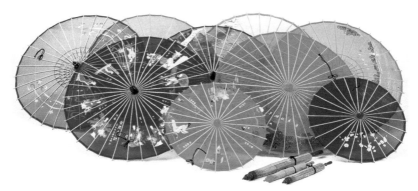

撑开一把伞，收拢一节竹

上浅浮雕工艺装饰。由于雕刻后打磨得平整、光滑，故仍不失良好
的手感。

　　伞杆工艺特色：西湖绸伞的伞杆，自创始至今，也是与时俱进，
不断改进和变化，有木制、竹制的，之后研究、创制了一种可伸缩、可
活动的竹伞杆。配上钢跳、铜跳后，功能完善，造型漂亮，更为人们
所喜爱。

　　伞面工艺特色：西湖绸伞以江南丝绸为制伞面料，轻盈、飘逸，
遮阳、装饰功能兼具，以浓郁的江南风味，秀丽典雅的艺术神韵名
闻遐迩。

　　西湖绸伞以多姿多彩的伞面装饰取胜，可分为刷花伞、绣花
伞、绘画伞。在伞面上刷花、绣花、绘花，俗称绸伞工艺中的"三
花"。由于研制、创作方法的创新，又衍生出独特的艺术风格。

工艺价值

一支细润的青竹，巧劈成三十二根，柔软的丝绸夹于篾青与篾黄之间，套色刷花将西湖秀丽的湖光山色徐徐展开，江南的丝与竹在西湖绸伞上得到了完美演绎。

工艺价值

[壹]经典产品

　　20世纪30年代初，都锦生先生从国外考察回来，有意投资创制属于杭州人的高品位工艺绸伞，随即组织都锦生丝织厂技术骨干竹振斐等三人成立试制小组，经反复试验，终以轻盈的艺术造型、精美的工艺制作，开创了具有鲜明地域文化特色的西湖绸伞。

1932年，都锦生丝织厂首创的西湖绸伞

这把于1932年由都锦生丝织厂研制成功的西湖绸伞，经历了近一个世纪的风风雨雨，虽说伞面已有破损，但雅致的伞面装饰，精巧的牛角伞头、伞柄仍完美无缺，伞杆上"都锦生丝织厂"的商标依然清晰可见（现存杭州市工艺美术研究所档案室）。

首创伞的试制经历颇为艰辛、曲折。为试制西湖绸伞，都锦生丝织厂成立了三人试制小组，他们是厂里的技术骨干，还是拜把子兄弟，关系非常融洽。老大蔡家然，负责对外联络、资料搜寻；老二严端，负责材料购买、工具配备与工作场地安排；老三竹振斐，动手能力强，脑筋活络，研制绸伞的技术工作主要由他负责。三人由伞骨开始，跑遍了浙江的淡竹产地，最后选择了杭州近郊的鸡笼山赤松村，请来两位劈竹高手戴金声、朱瑞洪，按照试制小组的创意构思，选用淡竹劈成伞骨，再将长伞骨的篾青、篾黄上下分劈开，用以夹放柔软的丝绸面料。然后，将篾青、篾黄对号入座，贴制在绸面上，最后再进行喷绘、刷花、绣花工艺装饰。待安装好伞头、伞柄，一把完整的西湖绸伞制作就基本完成了。

历经两年多的不懈努力，西湖绸伞终于试制成功。

不能忘记的是竹振斐的夫人游静芝。她是湖北武汉人，早年毕业于湖北省女子纺织职业学校，系校内的三名高材生之一。在校长的推荐下，都锦生先生慕其才华，请她到都锦生丝织厂从事染织、设计工作。为改进伞面设计，1933年又将她调到绸伞试制小组。游静芝女士到岗后，就将学过的丝绸喷刷技术运用到伞面装饰上。图案设计、刻版、刷花，全由竹振斐与游静芝共同完成。多次试验后，试制小组认为：将西湖风景画喷刷在伞面上是最佳选择，之后在技艺上不断改进、深化，衍生出双套色、三套色等多彩喷刷技术，将西湖绸伞技艺水平提升了一个档次。

首创伞上的商标

首创伞的牛角伞头

游静芝与竹振斐因绸伞结缘，二人长期在一起工作、学习、研究制伞技艺，慢慢建立了恋爱关系，1936年春正式结婚。这对绸伞

首创伞的牛角伞柄

伉俪，在以后四十几年的共同生活中，相敬如宾，相濡以沫，在工艺美术界传为佳话。

1. 首创期的西湖绸伞。

首创期的制伞工艺尚不成熟，伞的规格也不一，伞骨有四十六根、四十二根、三十六根、三十二根不等，伞面刷花多以单色、双色为主，时有山水、仕女画之作，产品一经问世，深受来杭旅游者的欢迎。

早期刷花伞《三潭印月》，伞骨劈成四十二根，伞面色彩柔和，秀丽雅洁。为当时的样品，由于质量上乘，才能保存至今

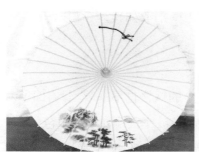

三十二根伞骨的山水风景绘画伞

双套色刷花西湖风景伞

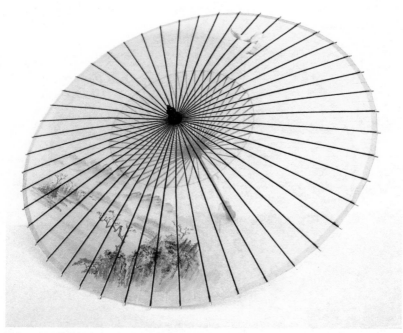

这把山水风景绘画伞直径51厘米，伞骨劈成四十六根，为当时最大的西湖绸伞

2. 完善期的西湖绸伞。

随着社会需求量的增加，制作技艺的进步，伞面装饰工艺的成熟，竹振斐与创作设计骨干将绸伞伞骨定型为三十二、三十六根，刷花技艺逐步由单色改进为双套色、三套色，尤其是出口商品，无论在数量还是质量上都有很大的提高，包装也有了更新。

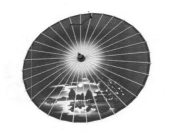 

20世纪50年代中后期用于出口的风景刷花伞　　仕女绘画伞

创作于20世纪60年代的机绣伞《梅竹双清》

3. 成熟期的西湖绸伞。

20世纪70年代末，在竹振斐夫妇的带领下，杭州市工艺美术研究所加强了设计力量，绸伞上增加了杭州地域文化的元素，对伞面装饰、伞头、伞柄作了较大的改进和优化，伞面装饰"三花"技艺的

刷花伞《西湖七景》之一

唐诗手绘伞

传统花鸟手绘伞

风景手绘伞

手绘伞《紫藤风动》

机绣伞《茶花黄鹂》

真丝乔其纱手绘伞《白蛇传传说》

高档手绘伞《敦煌飞天》

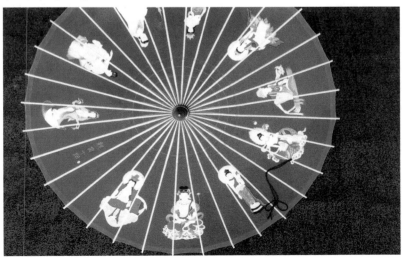

手绘伞《变形脸谱》

手绘伞《观音十相》

运用尤为突出，并融入传统技艺和绘画技巧，提升了作品的艺术品位，得到社会的一致好评。

4. 停滞期的精品绸伞。

20世纪90年代，在市场、原材料、人工、销售等因素的影响下，西湖伞厂转产、停业，西湖绸伞进退维谷。为保留这一传统技艺，杭州市工艺美术研究所只能小批量生产。由于制作精良，仍为

高档绘画伞《敦煌七飞天》

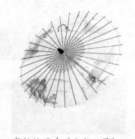
高档绘画伞《西湖四景》

高档绘画伞《百子图》

高档绘画伞《国色天香》

刺绣伞《绶带鸟桃花图》

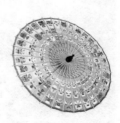
高档绘画伞《京剧百脸谱》

高档绘画伞《百子图》及篆刻伞

绘画伞《春乐图》

机绣伞《花鸟图》

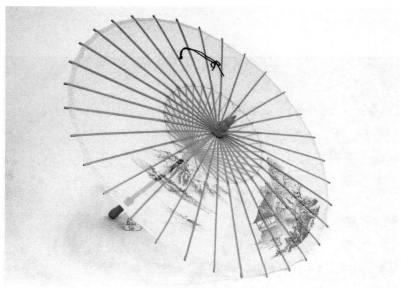

风景绘画伞

刷绣结合装饰伞《曲院风荷》

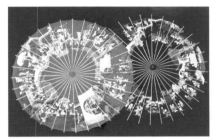

绘画伞《百美图》、《百子图》

西湖绸伞获中国工艺美术品"百花奖"优秀新产品一等奖

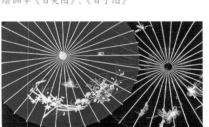

绣花伞《金鱼戏水》、《四季花》

西湖绸伞荣获2013年中国工艺美术博览会金奖

涉外商场及国外旅游者所青睐。因此，技艺及产品花样上仍有较多的创新。

1990年，第九届中国工艺美术品"百花奖"评审大会在河南省洛阳市中心展览馆开幕，杭州市工艺美术研究所送呈的西湖绸伞系列《四季花》、《金鱼戏水》、《百美图》、《百子图》参评。产品由西

"百花奖"希望杯

湖绸伞创始人竹振斐的两位爱徒安金陵、宋志明耗时近月，精心研制。绸伞的伞头、伞柄、伞扣为竹编工艺师俞祖毅配制。由紫竹削制的伞扣，造型是一只小小的秋蝉，犹如依附在竹竿上的鸣虫，远远

望去，仿佛正在振翅鸣叫，造型简洁、生动，以浓郁的江南风味和秀丽典雅的艺术神韵赢得了评委们和在场观众的关注和赞扬。

机绣伞《金鱼戏水》、《四季花》由高级工艺师陈建林、屠亚美设计，机绣研究室资深艺人张媚绣制，两把伞以不同的艺术风格体现了双面绣技艺秀美高雅的风格。

双面异色机绣伞《俏不争春》，中国工艺美术大师王文英绣制

缠绕金绣伞《缠枝牡丹》

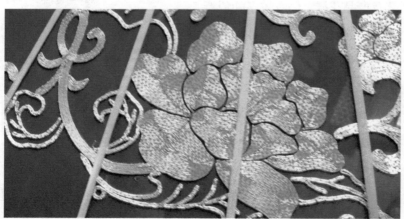

《缠枝牡丹》（局部）

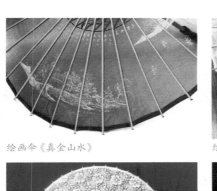

绘画伞《真金山水》

绘画伞《茶香》（局部）

万缕丝伞

印章伞《长乐无极》

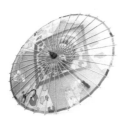

印花虎纹舞蹈伞

豹纹贡缎伞

贡缎舞蹈伞

伞与美人

绘画伞《百美图》、《百子图》系民间艺人赵仁花绘制，设计者运用民间艺术绘画技巧，线条流畅，色彩典雅，人物形神兼备，超凡脱俗。

西湖绸伞系列作品轻巧、美观、雅致、飘逸，具地域文化特色，得到评委们的一致好评，经轻工业部批准，荣获中国工艺美术品"百花奖"优秀新产品一等奖。

绘画伞《西湖全景图》

5. 新时期的时尚绸伞。

2000年以后，西湖绸伞在国内市场流通渐少，但执着的制伞艺人为留住技艺、传承文化，仍不懈地努力着。2005年至2008年，为申报国家级非物质文化遗产名录，研制了一批精品伞。同时为中国杭州伞业博物馆的筹建提供了百余把西湖绸伞佳作。

21世纪,一批适合于品质生活的西湖绸伞相继问世,大多以传统图案为主,配以现代生活的时尚元素,广为人们所喜爱。

[贰]实用功能

一支细润的青竹,巧劈成三十二根,柔软的丝绸夹于篾青与篾黄之间,套色刷花将西湖秀丽的湖光山色徐徐展开,江南的丝与竹在西湖绸伞上得到了完美演绎。

1. 西湖绸伞结构图。

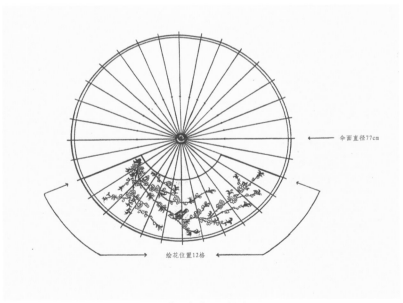

绘花绸伞花位规格图

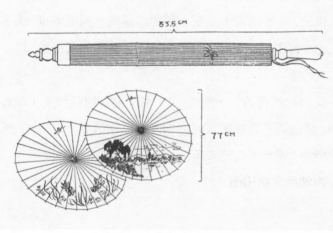

一节竹一把伞

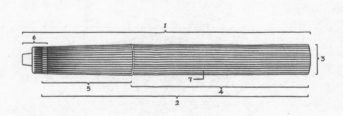

伞骨结构图

长骨侧面图

长骨仰面图

长伞骨解剖图

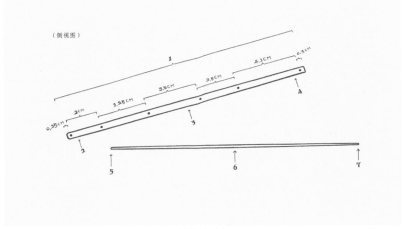

（侧视图）

短撑解剖图

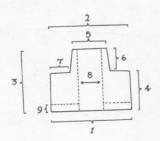
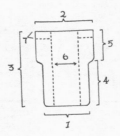

上伞斗、下伞斗解剖图

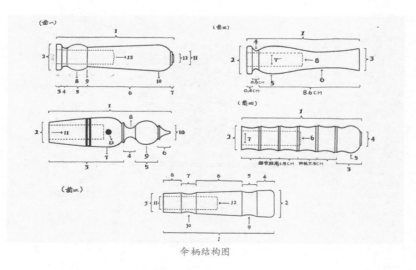

伞柄结构图

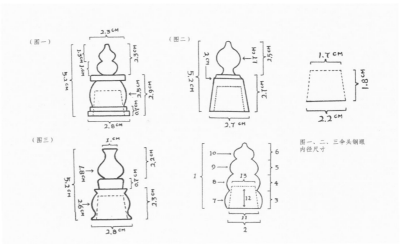

伞头剖面结构图

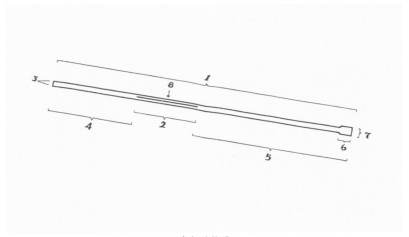

伞杆结构图

伞头剖视图

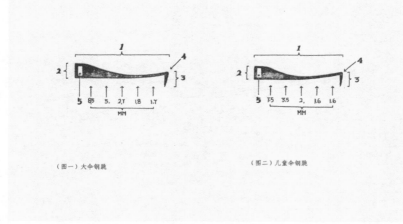

（图一）大伞钢跳

（图二）儿童伞铜跳

绸伞钢跳、铜跳剖面图

2. 西湖绸伞的结构。

西湖绸伞的结构主要由伞骨、伞头、伞柄、伞杆、伞面五部分组成。

伞骨：伞骨的工艺特色主要体现在巧妙的结构和工艺造型上。伞骨由一支圆润的青竹劈成三十二根竹骨，工艺上要求极为严格，不可多也不可少。在这支竹的竹节上打眼穿孔，供支撑短骨。伞骨架由长伞骨与短撑，上、下伞斗共同组成，长伞骨再经篾青与篾黄，上下分开，好让柔软的丝绸夹在篾青与篾黄之间。这种装置手法在国内外任何制伞工艺中都未见，既牢固又平服，也是西湖绸伞的匠心所在。经装配后，一把收撑自如的伞骨架才算完成。

伞头：西湖绸伞的伞头，以杭州西湖"三潭印月"之石潭为设计造型的蓝本，古朴典雅，调动写实、对比、夸张、变形之艺术手法，衍生出众多的艺术造型，有仿真型、矮胖大肚型、开孔透光型，规格不一，品种十分丰富。为提升伞面装饰，又以不同的材质，变换色彩，让"三潭"与碧水一泓的西湖风景有机地融合在一起。人们撑一把西湖绸伞，仿佛展开一幅立体的湖光山色图。

伞柄：以人性化手感和舒适、自然、和谐为制作原则。早期的伞柄，多采用杉木车制而成，一般呈圆瓶形状，手感极具亲和力。伞柄的材质要求很高，有红木柄、鸡翅木柄、花梨木柄、牛骨柄、牛角柄等。高档伞柄则采用稀有牛角、象牙制成，伞柄的上端还配上浅浮雕工艺装饰。

伞杆：西湖绸伞的伞杆，自创始至今，也是与时俱进，不断地改进和变化，由木制、竹制，发展到可缩节、可活动的。它的配件有钢跳、铜跳，就其功能而言，是绸伞伞面的一个支撑配件。

伞面与一把伞、一节竹的实物结构

伞面：西湖绸伞以江南丝绸为制伞面料，具有遮阳功能。

西湖绸伞以伞面图案的形式区分有刷花伞、绘画伞、绣花伞。在伞面上刷花、画花、绣花，即装饰工艺中的"三花"。由于研制、创作方法的创新与变化，它们又各自形成独特的伞面装饰艺术风格。

罕见的竹根、陶瓷伞柄造型

3. 西湖绸伞的功用。

日常生活功用：西湖绸伞花色繁多，品种齐全，具实用和装饰双重功用，而装饰价值尤

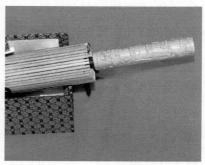

浅浮雕伞柄造型

伞头造型

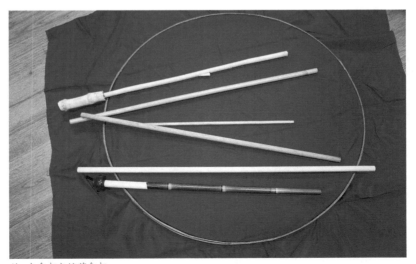

竹、木伞杆与缩节伞杆

高，是一件高档、时尚的生活用具，日常生活中用于遮阳、装饰。

随着社会的发展，人们观念的变化，西湖绸伞衍生出众多品种，从单纯的遮阳到晴、雨两用，又开发出儿童伞、杂技伞、舞蹈伞、排须伞、时尚伞等，其实用功能外沿大大拓展，应用范围也日益扩大到环境装饰、T台道具、时尚礼品等领域，成为人们审美和收藏的工艺品。

艺术审美功能：我们用审美的眼光去欣赏西湖绸伞，它蕴含的美学意义呈现多层的主题，比如"撑开一朵花，收拢一支竹"的结构，用美学的观念去欣赏，就可以给使用者一种艺术的遐想。

杭州西湖绸伞的审美功用是实用与装饰美的结合，主要体现在伞面的装饰艺术上。它吸收并融合了中国传统文化和民间艺术的精髓，借鉴古代图案造型的艺术语言，注重唯美情调，有着个性鲜明的地域文化特色。伞面上或刺绣，或喷花，或彩绘，伞柄、伞头的艺术造型，极易引发消费者的购买欲望。所以，每逢骄阳似火的夏日，丽人们撑起一把色彩宜人的西湖绸伞，已不仅仅是遮阳的功用，艺术的功能把人与环境装扮得五彩缤纷，分外妖娆。实用功能和人们审美情趣已完美地融合为一体了。

文化传播功能：当年上海电影明星胡蝶、徐来为西湖绸伞成功问世揭幕剪彩，一经报道，让西湖绸伞崭露头角，立名于世。

20世纪90年代，美国《联合时报》一篇有关西湖绸伞的报道，引人关注。国外的游客一到杭州，就会指名要购买西湖绸伞，带回家作为珍贵的礼品赠送亲友。法国的模特看到京剧脸谱绸伞，如获至宝，把西湖绸伞带上巴黎的T台，作为表演的道具。西湖绸伞以其独特的手工艺、别致的外形，为飘逸的模特增添了东方神韵。

杭州杂技团的优秀演员曾辉以西湖绸伞为道具的魔术表演"彩伞争艳"，在全国杂技比赛中荣获优秀节目奖、优秀道具奖。

1997年7月1日，在美国明尼苏达州亚波利斯城举行第六十九届国际魔术大赛，曾辉在舞台上身着玄色八褶旗袍，背众而立。音乐声响起，她缓缓转身亮相，右手在空中一扬，变出了八十七把大小不一的伞，那满台飞舞的道具就是西湖绸伞。这次演出荣获美国国际魔术节舞台金奖。西湖绸伞成全了曾辉，曾辉又将西湖绸伞文化传播到世界各地，让看过演出的人都知道中国有个城市叫杭州，杭州有漂亮的西湖绸伞。

社会交际功能：1972年，美国总统尼克松访华，赴杭州时下榻于西湖国宾馆，门廊上悬挂着一对对红色西湖伞灯，伞面上绘制着中国古代四大美女。伞灯直径50厘米，伞柄上挂着漂亮的流苏，形状奇巧，很有中国民族文化特色，引起了尼克松的关注。当尼克松归国时，西湖绸伞成为赠礼。而后，柬埔寨西哈努克亲王、印度尼西亚苏加诺总统等各国政要来杭访问，省、市政府多以西湖绸伞作为外事交流活动的赠品。

改革开放以后,西湖绸伞作为社会交际的礼品流通于社会各个层面,得到世人的喜爱。

[叁]装饰艺术

西湖绸伞伞面装饰主要有三大类:刷花、绘画及绣花,被誉为"三花"工艺。

刷花工艺:采用人工刻版,多版套色,以杭州西湖风景为题材装饰伞面。

绘画工艺:采用中国画的技巧,绘制仕女、花鸟、山水图,多以工笔画随类敷彩。

绣花工艺:题材多样,以传统手工艺绣制,伞面鲜丽秀雅,具有

异彩纷呈的伞面装饰

良好的艺术效果。

1. 刷花工艺。

作为"三花"工艺之首的刷花工艺，是西湖绸伞制作技艺中最具传统艺术魅力的一种。大多以杭州西湖湖光山色为题材，采用纯手工技艺，运用多种套色模版层层晕染，产生一种灵动、空旷、淡妆浓抹的艺术效果。该工艺与"三潭印月"造型的伞头、江南丝绸伞面交相呼应，构成杭州西湖绸伞独特的艺术品位。

资深制伞艺人陈田荣身怀绝技，既是刷花技艺高手，又是为数不多的雕版能人

刷花工艺作品始创于20世纪30年代，当时全部采用手工操作，将西湖风景的奇幻变化表现得淋漓尽致。

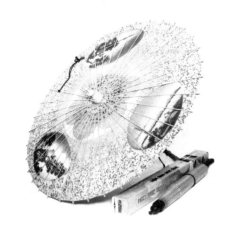

刷花手绘伞《西湖三景》

该系列作品发展、创新于20世纪50至70年代，运用刷花工艺层层套色，将平湖秋月、三潭印月等秀丽景色在西湖绸伞上徐徐展开，格调

真丝乔其纱刷花伞《花港观鱼》　　　真丝电力纺刷花伞《三潭印月》

高雅，耐人寻味。

2. 绘花工艺。

绘画是西湖绸伞"三花"工艺之一种，创制之初，作品以工笔画彩绘山水、花鸟居多。随着西湖绸伞的发展与进步，出现百花齐放、异彩纷呈的现象。

题材广泛：著名文学作品、传奇故事、佛教文化、民间传统艺术乃至书法、篆刻等。

绘画技法多样性：如真金粉彩绘、喷绘结合、画绣并用，特别是一些书画名家的参与，大大提升了西湖绸伞的艺术品位和收藏价值。

以著名文学作品为题材的如《大观园》、《西厢记》、《白蛇传传说》等，以手绘方式展现在西湖绸伞上，具有一定的观赏价值。

书画伞：《宋人山水图》伞创作于20世纪70年代，采用工笔彩

绘画伞《百子嬉乐图》（局部）

绘画伞《四川皮影》

绘画伞《红楼梦》（局部）

绘画伞《水漫金山》（局部）

绘的方式，再现了宋代山水画的艺术风采，笔法娴熟，造型优雅。

《百福图》伞创作于21世纪，作品采用书法形式，寓意吉祥如意，辅以行书题跋，娟秀工整，清新典雅。

脸谱伞：作品以手工绘画将中国传统京剧脸谱呈现在绸伞上，精细雅致，装饰感强。

彩绘风景伞：以西湖风景为题材的装饰伞，在伞面、伞骨、伞柄、伞头上融入西湖元素，造型独特，轻盈典雅。

童趣伞：作品采用手绘方式，将活泼天真的童趣在西湖绸伞上徐徐展开，妙趣横生。

其他传统题材广泛，工艺精湛，具有审美价值。

手绘伞《宋人山水图》

真丝乔其纱伞《百福图》

真丝乔其纱手绘伞《京剧脸谱》

西湖绸伞艺人在绘制伞面

真丝乔其纱手绘伞《三潭赏月》

真丝乔其纱手绘伞《断桥残雪》

真丝乔其纱手绘伞《传统山水画》

真丝乔其纱手绘伞《秋乐图》

真丝乔其纱手绘伞《夏乐图》

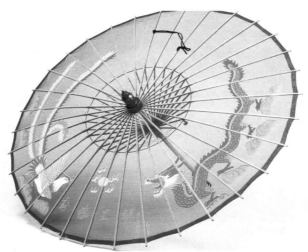

真丝乔其纱手绘伞《双龙戏珠》

真丝乔其纱手绘伞《国色天香》

真丝乔其纱手绘伞《自由女神》（局部）

真丝乔其纱手绘伞《中国龙》

3. 绣花工艺（机绣、刺绣、盘金绣）。

绣花工艺是伞面装饰上的又一技法。该工艺运用机绣及古老的刺绣、盘金绣技艺，将设计的作品绣制在薄如蝉翼的伞面上，绣工精致，古朴典雅。杭州市工艺美术研究所的专业人员、资深艺人自20世纪60年代就参与这项工艺的探索与实践，为西湖绸伞的发展与提高作出了贡献。

机绣伞

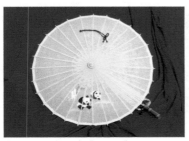

真丝电力纺机绣伞《熊猫图》

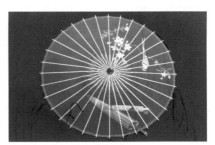

真丝乔其纱机绣伞《花鸟》

真丝乔其纱机绣伞《茶梅图》

资深机绣艺人陈静芬在绣制绸伞

刺绣伞

真丝乔其纱刺绣伞《蓝雀争艳》

浙江工艺美术大师余知音在刺绣

真丝乔其纱刺绣伞《梅花双鹊》（局部）

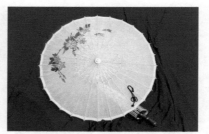

真丝斜纹绸刺绣伞《映山红》

真丝乔其纱刺绣伞《比翼双飞》

真丝乔其纱刺绣伞《四季春色》

盘金绣伞

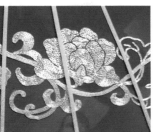

浙江工艺美术大师赵亦军在绣　《缠枝牡丹》（局部）
制盘金绣

盘金绣伞《缠枝牡丹》　　　　　　乔其纱盘金绣伞《寿缠牡丹》

传承谱系

基于全面钩沉西湖绸伞近百年的传承历史，记载和保留那些偏居陋室，生活艰辛，从创制之初一直默默无闻的民间艺人，我们按历史的轨迹，以时间为坐标，有序地编制了西湖绸伞制作技艺传承谱系表。

传承谱系

[壹]西湖绸伞制作技艺传承谱系图

基于全面钩沉西湖绸伞近百年的传承历史，记载和保留那些偏居陋室，生活艰辛，从创制之初一直默默无闻的民间艺人，我们按历史的轨迹，以时间为坐标，有序地编制了西湖绸伞制作技艺传承谱系表。

为寻找和追踪那些淡出人们视野的民间艺人，我们广泛参阅了相关资料、典籍，并多次派员赴档案馆、图书馆查阅当年制伞的作坊、生产合作社、工艺社及研究所、工厂的资料、档案，并重点采访了西湖绸伞主要创制人竹振斐先生的家族成员及健在的老厂长、老所长，"非遗"项目代表性传承人，资深艺人及当年知情人员，从而较为全面地掌握、整理了西湖绸伞各历史时期从艺人员的传承状况与较为翔实的史料，然后，组织相关人员对大量的资讯进行严谨的梳理、考证，特别是对一些讹误脱漏的，以史料为依据，进行有效的更正与修改，让谱系表更加接近于历史原貌，以期作为现今阶段较为全面的研究成果奉献给读者。

西湖绸伞制作技艺传承谱系图

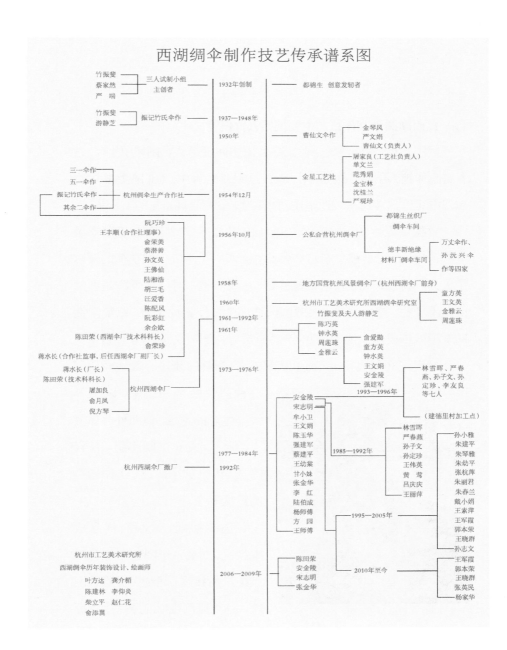

[贰]西湖绸伞制作技艺传承人

1. 西湖绸伞制作技艺主要创始人竹振斐。

民国初年，军阀混战，民生凋敝。杭州的手艺人在困境中生存，过着寅吃卯粮，沿街叫卖的日子。就在这艰难时世中，他们在挣扎中奋起，用自己的聪明才智，创造出一件件为大众所喜闻乐见的工艺品。

竹振斐先生，生于1918年，浙江杭州人。家住茅家埠，自幼家境贫寒，小小年纪就被父亲送去都锦生丝织厂当学徒。做学徒的要求是极为严苛的，一经入门就要签订"生死合同"，打骂、下跪是拜师傅免不了的。竹振斐是个聪明能干的小精灵，记性又好，三年学徒期未满就练成丝织能手，他的产品质量好、产量多，常被老板赞赏。

20世纪30年代初，都锦生从国外考察回来，别出心裁地要研制一种适合旅游的绸伞，以弥补淡季生意的不足。他四处寻访贤人、能手，成立试制小组。几经筛选，挑上脑子活络、工作勤奋的竹振斐。

创制初期，试制的样品成本太高，折合一担米价，难为广大民众所接受，试制人员陷入困境。一个风雨交加的黄昏，竹振

西湖绸伞主要创始人竹振斐

斐撑着一把旧纸伞回家，风不停地吹，伞骨、伞面脱离了，竹振斐若有所悟，第二天就向都锦生先生建议，是否改用韧性更好的竹骨代替。他的建议很快得到首肯，都锦生派遣三人试制小组走遍温州、富阳、临安、安吉、新昌等盛产竹子的乡村，寻访纸伞工场，探究纸伞的结构和用材，定下竹制伞骨，由鸡笼山赤山村派人到厂试制。传统的油纸伞用胶黏合伞面与伞骨，但是作为一件精致的工艺品，既不美观，又有气味。竹振斐在这道工序上煞费苦心，开始采用缝扣法，又采用钉装法，都达不到要求。日夜苦思冥想，最后，他从麦秆扇扇柄夹扇面的工艺中得到启发，将每根伞骨分劈成上下两层，柔软的丝绸伞面巧妙地黏合在篾青和篾黄之间，既美观又雅致，这一想法想不到竟成了西湖绸伞别具一格的艺术造型。这是竹振斐对西湖绸伞开创性的贡献。

1932年，西湖绸伞研制成功，但战乱频仍，没能得到很好的推广。抗战时期杭州沦陷，百业停滞，都锦生举家迁居上海租界，仍坚持生产丝织风景，绸伞生产暂时歇业。为了生存，竹振斐、王志鑫等绸伞艺人抓起这门手艺，自筹资金，创建西湖绸伞作坊，以维持生计。竹振斐的作坊叫"振记竹氏伞作"，手艺仅传授给家人。之后生意渐好，开始找人帮忙，课徒传艺。生意不大，因质量上乘，小小作坊也颇有声誉。

抗日战争胜利后，战火未熄，经济萧条，竹振斐坚持在自己的作坊里惨淡经营，辛勤劳作，以此养家糊口，苦度光阴。

新中国成立后，在共产党和人民政府的关心和支持下，手工艺人走上集体化的道路。振记竹氏伞作等几家小作坊联合成立杭州绸伞生产合作社。1960年，杭州市工艺美术研究所成立，经市经委特批，调竹振斐、游静芝夫妇到研究所工作，主掌西湖绸伞的研究和创新，传授技艺，培养人才，还配备了十五名学徒进行西湖绸伞精品的研制和开发。竹老曾说，我是一个匠人，单位领导对我们如此关心、重视，我知足了。

为整合西湖绸伞的制作工艺，竹振斐调入杭州市工艺美术研究所后，认真总结制作工艺流程。他从小没读过书，传艺大多靠口传身授，一旦要形成文字，对他来说太难了，只能将工艺流程一条一条地记下来，在夫人游静芝的帮助下，进行梳理、归纳、总结，并不断地修订、增补，花费了几个月的时间，终于完成一套完整的十八道工序的笔录，同时还制定了一百多条制作规范。如贴青工艺，用罗马数字作为竹骨上的记数方式，三十二根伞骨按篾青、篾黄上下有序地排列，并标上序号，下一道工序就不会出错，方法简单易懂，得到学生们的一致赞赏。

从20世纪30年代起，西湖绸伞一直遵循当年的基本形式，伞头、伞柄、伞扣、伞杆等配件造型没有变化。竹振斐就琢磨开了，研究所有那么多的资源，为什么不加以利用呢？于是，他建议由绸伞室牵头，会同设计室、刺绣室、机绣室，共同探索、研究西湖绸伞的开发与创新，并诚邀各部门协作试制。西湖绸伞的刷花、绘花、绣花"三花"工艺，伞头、伞柄及配套装置如伞扣、铜跳、伞颈的创新和优化，都是竹振斐带领着研究所创作设计人员共同完成的。

传统的西湖绸伞防雨功能缺失，为寻找理想的防雨材料，竹振斐带着徒弟千里寻师，远赴沈阳化工研究所、辽宁化学一所等科研院所寻访高效防水配方，返杭后反复试验，不久，第一把防雨绸伞试制成功。为检验西湖绸伞的防雨功能，竹振斐与相关人员向社会广泛宣传，他们将防雨伞安放在杭州解放路百货商店喷泉下演示，在"涓涓细雨"的冲淋下，伞不褪色、不漏水，赢得了广大市民的信任。竹振

三十年前进行绸伞防水实验

2013年运用现代纳米技术创新西湖绸伞的防水技术

斐用自己的辛勤劳动，提升了西湖绸伞的品质。

竹老是西湖绸伞的主要创始者，还是传授制作技术的严师。从早年的绸伞作坊到都锦生丝织厂、西湖伞厂、杭州市工艺美术研究所，主要研制人员大多是他的徒弟和学生。竹振斐夫妇课徒传艺要求严格。从1960年起，仅在杭州市工艺美术研究所培养的学生就有四十余名，经他们调教的学生大多成为绸伞生产的技术骨干。竹振斐当年的关门弟子宋志明现已成为国家级非物质文化遗产西湖绸伞制作技艺的代表性传承人。

培养一名合格的艺人，是一个艰苦的历程，竹振斐夫妇为此还制定了一套完整的培训计划。首先，向学员们讲述绸伞的历史，让他们懂伞、爱伞，对西湖绸伞有一个全面的了解，然后，因人而异，因材施教，按各人特长传道授业，传技以讲、授结合的方式，要求他们融会贯通。在竹振斐夫妇的悉心培养下，一批批学徒健康成长，西湖绸伞制作技艺代代相传，后继有人。

竹振斐为人和蔼，技艺高超，极有人格魅力。工作时以身作则，身先士卒。为把好淡竹选材的质量关，他不辞辛劳，经常出没在山野林间号竹，待霜降

1961年，竹振斐夫妇应邀参加省、市国庆观礼活动时合影留念

过后，就带上徒弟进山砍伐。砍竹的诀窍是将砍下的竹子用手扶着轻轻放倒，不能互相碰撞产生伤痕，这是保证质量的基础。年事已高的竹振斐身教重于言教，认真踏实的工作作风令身边的艺徒受益匪浅。

竹振斐和他的学生

竹振斐先生为杭州西湖绸伞制作技艺的传承、发展、提高作出了卓越的贡献。1957年，他代表杭州市手工业艺人参加第一届中国艺人代表大会；1954年、1961年被邀参加

竹振斐的贤内助游静芝女士

省、市国庆观礼；1962年被浙江省政府命名为手工业"老艺人"，享受副教授待遇，并当选为杭州市政协委员。

1989年，竹振斐因病医治无效，在杭州逝世。我们永远怀念这位勇于探索、德艺双馨的老艺人。

2. 西湖绸伞制作技艺代表性传承人宋志明。

宋志明，1957年出生于杭州的一个普通家庭，他是宋家的独生子，父母对他寄予厚望。中学毕业后，正逢"文化大革命"，找工作

国家级非物质文化遗产西湖绸伞制作技艺代表性传承人宋志明

十分困难，宋志明成了"待业青年"。

正值此时，杭州市工艺美术研究所建立附属实验厂，为发展西湖绸伞，要招一批艺徒，但没有招工名额。当时社会上有一种做一天工只有八角钱报酬的临时工，于是宋志明当起了"八角头"。

1973年，西湖绸伞主要创始人竹振斐先生重新回到杭州市工艺美术研究所主持绸伞室工作，宋志明被派去跟着竹振斐打杂、学艺。搬伞骨，背绸子，扛伞杆，累得满头大汗，但他总是笑嘻嘻地说："没事，不累。"竹振斐教他学点技术，他更是专心致志，还不断地问这问那。经过一年多的磨炼，竹振斐认为宋志明忠厚老实，踏实肯干，学艺专注，表态愿收宋志明为徒。之后有了招工名额，宋志明转正为学徒工，成了竹振斐的关门徒儿。

西湖绸伞有十八道工序，复杂繁琐，对一个大大咧咧的男人来说，学起来有点为难。如穿花线，手拈一根绣花针，带着一根长长的丝线，在不足10厘米的伞撑中来回穿梭，还要形成有规则的线径，女孩子都不太愿意学，男人干这种活计有出息吗？宋志明思想斗争十分激烈。当他看着自己的师傅两鬓斑白，为绸伞的发展，一边搞创新研究，一边课徒传艺，常发气喘病也不肯休息，他深受感动，想到师傅含辛茹苦地带了他几年，要对得起师傅。另一方面，两年学艺，觉得绸伞制作是一门技能高超的手艺，要把师傅的手艺学到手没那么容易。踏进绸伞的门，就要做一个内行人。俗话说："三百六十行，行行出状元。"做得好也能做一个伞业状元。宋志明立志做一个绸伞艺人，从此与西湖绸伞结下了不解之缘。

竹振斐和夫人游静芝女士把所带的艺徒都当成自己的孩子，他们像慈爱的父母，精心传授，对艺徒的工作能力、技艺专长心里都有一本账，传授技艺也是有的放矢。绸伞制作有十八道工序，有的学绷面、劈青、贴青，有的学剪边、糊边，有的学糊面、上杆、包头，分工明确。宋志明学艺专心，话语不多，善于观察。竹振斐从易到难，皆让宋志明学习。在三年学徒期间，由于认真钻研，宋志明进步很快。竹振斐看在眼里，喜在心里，认为宋志明是传承技艺的好苗子。

学艺的过程也不是一帆风顺的。最难学的两道工序，一是号竹，二是验伞骨。这两道工序，其他学徒都不学，竹振斐认为自己年事已高，要有一个接班人。

绸伞的质量好坏，第一关决定在号竹上。每年白露季节前，要在淡竹林中，选择生长期三年以上、节头均匀、无阴阳面的竹子，做好标记，霜降过后才能砍伐。每年号竹期，竹振斐就带着宋志明去安吉、德清竹山号竹。放眼望去，茂密的竹林中，一根根淡竹酷似孪生，难以分辨优劣。竹振斐号竹有三个要点：一是"握"，用手握着竹筒，有否达到5.5—6厘米粗；二是"摸"，用手摸竹的年轮圈，是否达到一定的硬度；三是"看"，实际操作却是只能意会，很难言传。竹筒的粗细，竹节的年轮、硬度，竹色的青绿深度，那种微妙的差异，只有凭自己的经验去辨别，通过实践获得。竹振斐带宋志明上山，宋志明在竹振斐手把手的指点下，握过、摸过、看过数万支淡竹，在实践中才慢慢地掌握了这门技术。宋志明说：当看到我能用红笔在毛竹上做记号时，师傅点头微笑了，我的心里才踏实了。

伞骨检验也是一门难学的技能。师母是伞骨检验能手，她倾尽全力，教宋志明学会这门技艺。伞骨的生产基地是在富阳鸡笼山，每次去检验质量，都要翻山越岭。宋志明租用一辆独轮车，载着游老进山，他紧随在车边守护着。进山后，吃住均在农民家里，住上十天半个月，宋志明就像儿子关爱母亲一样，在生活上照顾着师母。

检验伞骨主要是三个方面：一是伞骨长叉是否整齐，不能有长短；二是长叉的竹篾是否均匀，不能有厚薄；三是长叉开槽是否均匀，不能有高低（长叉开槽处撑短叉。槽，俗称"耳朵"，"耳朵"不匀，伞收拢后不圆）。师母向宋志明讲解验杆要点，自己先验。分三等：毛病多的为不合格；有点小毛病但不影响伞质量的为二等；尚好的为一等。验好后，让宋志明观察三者的差异，然后让他复验，师母在旁边看。验下来的伞骨，师母再验一次。凡宋志明验得不正确的，师母一一讲解，错在什么地方。这样耐心地教，几次，几十次，宋志明慢慢积累了经验，掌握了这门技艺。

竹振斐夫妇把号竹、验竹等十八道工序全部传授给宋志明，心里踏实了。20世纪80年代中期，二老由于年老体弱，离开了生产岗位，安度晚年。宋志明在师傅悉心的教育和培养下，学会了十八道工序，成为西湖绸伞制作的全能人才。

宋志明为人和蔼，叫他干重活、干脏活，从不推却；别人说他几句闲话，也从不计较，在研究所的集体中，得到大家的认可。有人给他取了个外号叫"宋阿毛"，同辈人还亲切地称他为"阿毛哥"。

乍看宋志明，是一个生活上很随意的人，但他非常敬业，可以说对学习技艺、搞技艺创新是一个"斤斤计较"的人。追溯至1980年，宋志明进所才三年多，学徒刚满师，这时竹振斐在搞晴雨两用伞的科研课题，要让只能遮阳的绸伞晴雨两用。他独自订计划、搞设想，和有关方面联系，忙忙碌碌。宋志明知道了竹振斐的科研设想后，就跟着师傅，寸步不离。当时竹振斐以为他有什么事，就关切地说：有什么事告诉师傅吧。这时，宋志明以恳求的语气对竹振斐说：师傅，让我跟您做晴雨两用伞吧。竹振斐这才恍然大悟，也被宋志明的好学精神所感动。晴雨两用伞作为市级科研项目，从选题到结题，先后用了一年多的时间。为解决防水的胶质溶剂（20世纪60年代试制过晴雨伞，胶水刷制在伞面上，伞面绸会变硬，无法收拢）问题，竹振斐求助于化工所技师，往返于辽宁学习，去遂昌油纸伞厂取经。宋志明陪着竹振斐东奔西走，做记录，存资料，取样品，做实验。他采用了多种溶剂，反复试验，甚至在房屋顶上进行破坏性实验，无论是烈日炎炎还是雷雨交加，他都陪着师傅上屋顶，观察、记录实验变化，发现问题就向有关专家请教。竹振斐对技艺创新认真负责的态度深深地影响了他。竹振斐曾对宋志明说过：我就要退休了，绸伞的创新工作要靠你们年轻人了。绸伞要有创新，推出新的品种才能吸引顾客，才有发展前途。竹振斐的谆谆教导，使宋志明更加懂得技艺创新的重要。

20世纪80年代中期，宋志明配合绸伞室安金陵组长，共同挑起了西湖绸伞革新和生产的任务。在继承传统的基础上不断创新，进行多项技术改造。伞面绸原用真丝斜纹绸，改用真丝电力纺和超级真丝乔其纱，让绸伞更显轻盈飘逸的江南风韵。宋志明还大胆用纯棉布、蓝印花布，贵州的手工扎染、蜡染布，萧山的万缕丝，东北人喜爱的红绿印花布作为伞面试制，使伞面面料进入多元化时代。

西湖绸伞伞头、伞柄、伞杆是伞的配件，也是伞的重要组成部分。根据不同客户的需求，在材质上更新，用了红木、牛角、玉石、竹根创制，造型也繁简不一，如"三潭印月"伞头、龙头伞柄等。具有不同材质的绸伞，出售价格也大有区别，客户可根据自己的爱好自由选择。

伞面装饰革新，是在保持刷花、绘花、绣花"三花"工艺的原则下，根据画面内容进行搭配和更新。如有刷绣结合、绘绣结合、刷绘结合等多种方法。如此搭配，可增加层次，增强质感，丰富色彩。画面内容也不断更新，一把伞刷西湖的一个景，也可刷多个景，甚至可绘全景。京剧脸谱从绘四只发展到绘百

宋志明课徒传艺

宋志明在制作伞骨

只。原刷花、绘花均用国画颜料，时间长了容易脱色和褪色，经宋、安二人共同研究，多次试制，运用不褪色的丙烯颜料，掺入适量的乳胶，这样的刷花、绘花既保持了色彩的明度又提升了伞面的艺术品质。

技艺革新不是一朝一夕的事，要取得成功，有漫长的路要走。只有在实践中不断学习，不断磨炼，不断改进，才能有所作为。宋志明在技艺创新的道路上有钉子一样的钻研精神。篆刻绸伞的诞生，

证实了他的执着。一天，他去篆刻研究室，受篆刻"百鸟图"、"百福图"的启示，他想把篆刻艺术运用在伞面上。回去试印，但屡试屡败，为此，他请教篆刻艺术大师王永虎先生，在他的帮助下，找出失败的主要原因。之后几经努力，一把古朴典雅、寓意深厚的篆刻伞问世了。宋志明说：我要活到老学到老，只有不断学习，才能适应绸伞创新的需要。

20世纪80年代后期，由于几位艺人退休，绸伞室处于新老交替的时期。带学徒传技艺，以艺人安金陵为主；采购原料、辅料和技艺创新以宋志明为主。两人分工的同时也互相合作，绸伞室的工作井井有条，很有生气。

为建天工艺苑，要腾地方。1991年，杭州市工艺美术研究所从解放路79号搬到凤凰山169号，业务大受影响，资金短缺，绸伞生产时产时停。在此情况下，宋志明自筹资金，在富阳新登建立苏杭工艺品厂，传承绸伞生产。

赤手空拳办一个厂谈何容易，有技术的艺人和资金同等重要。宋志明下决心招艺徒，传授技艺。二十多年来，他奔波在绸伞生产第一线，先后培养了二十多个艺徒。

第一，招收艺徒，在生产线上培养。富阳鸡笼山是绸伞伞骨生产基地，为了降低绸伞生产成本，将厂设在富阳。他招收的艺徒全部是当地人。宋志明培养的第一个全能艺徒朱小雅，家住富阳市高坪乡石山村，是一个山里山、弯里弯的偏僻地方。小雅聪明伶俐，能吃苦，善学习。为了找到她，宋志明翻山越岭，走了大半天，收了第一个艺徒。他一共招了八名年轻人，为了传艺，就住在富阳，采用讲、做结合的方法，在生产第一线培养艺徒，收到良好的效果。在生产中，他们逐步掌握技艺，产量从每月百来把提高到五百把左右。

第二，招收外加工艺徒。有的贵州妇女在富阳没有工作，宋志明就传授一至三道工序，作为外发加工点，灵活机动。如她们离开，也不影响生产，这样又带了三名艺徒。

第三，培养兼职艺徒。有的营业员做一天休息一天，有的专职驾驶员不出车没有事做，有人工作比较清闲，愿意跟他学艺，他都传授技艺，这样的兼职艺徒带了五人。

第四，在高等院校中培养艺人。中国计量学院"非遗"研究小组、宁波技术学院传统工艺室都对国家级"非遗"项目西湖绸伞制作技艺进行研讨，宋志明也成了他们的好朋友，不仅为他们讲解技艺，还亲手传授技艺，其中有十名学生能做二至三道工序。

为了培养伞面设计者和绘画人员，2012年，宋志明与中国美术学院民间美术学会合作，开展伞面设计大奖赛，向参赛的同学讲解伞面设计的要求和伞面工艺的特殊性，再由中国计量学院协助，开展讲评。宋志明自出资金作为奖金，总共收到四十九件作品。不少作品设计新颖、奇特，富有创造性，很受欢迎。如《白蛇传传说》，画面上是西湖里的一枝荷花，穿过断桥，将许仙和白娘子分离，别致有味。

宋志明采用多种方法培养艺人，目的是要把西湖绸伞制伞技艺传授给年轻人，不使技艺失传。

20世纪90年代末，商品经济大潮兴起，西湖绸伞生产也在变化中沉沉浮浮。

第一，杭州绸伞生产濒临消失。西湖绸伞主要生产厂家西湖伞厂，于1991年厂房被改成中北大酒店，厂家先并后撤，绸伞艺人改行的改行，回家的回家，各奔前程。在杭州市工艺美术研究所，由安金陵带着五名艺人，自筹资金，坚持生产，每月生产伞五百把左右。1996年，安金陵退休，西湖绸伞生产也就结束了。宋志明办的苏杭工艺厂，成为西湖绸伞生产的唯一厂家，每月产量几百把。在杭州市场上，西湖绸伞似乎消失了。

第二，劣质的西湖绸伞仿品充斥市场。当时盛产毛竹的外省，有农民用普通竹代替淡竹，用薄薄的尼龙绸代替真丝绸，在伞面长骨上涂油漆代替贴青工艺，加上廉价的劳动力，生产的仿绸伞在杭州的商场中只卖十元一把，杭州旅游景点的商店挂满此类伞，还放在马路边大声叫卖，风行一时。正宗的西湖绸伞最低价当时要七十至八十元一把，两者价格对比，西湖绸伞在市场上已无立足之地。

第三，西湖绸伞的主要原材料大幅度涨价，尽管价格不变，还是销路不畅。久而久之，厂里出现亏损现象，经济压力越来越大。

西湖绸伞生产处于这样的逆境中，是继续求生呢，还是自动退出历史舞台，宋志明作过多次思想斗争。一方面，他认为自己是孤军作战，太困难了；另一方面，他认为在困难面前临阵逃脱太可悲了。回想师傅的教育，学艺的艰辛，洗手不干既对不起师傅，也对不起自己，因此下决心坚持下去。

宋志明陪同文化部领导考察西湖绸伞

文化部领导关心西湖绸伞

第一，他要从经济压力中解放自己：一面坚持西湖绸伞生产，就是亏本也要做，一面办公司搞经营，在商场中设专柜，主营多种工艺品，兼营西湖绸伞，以盈补亏，保证西湖绸伞生产的正常运转。

第二，做好西湖绸伞的宣传工作。宋志明有空就去商场站柜台，向顾客推荐西湖绸伞，并讲清西湖绸伞与仿绸伞的区别，通过实物对比，让顾客心服口服，逐步打开西湖绸伞的销路。

第三，积极参与全国各地举办的工艺品展销会、旅游纪念品展销会。宋志明说：目的不为赚钱，而是为了宣传，让大家知道杭州西湖绸伞永远是盛开的鲜花。他创新研制的西湖绸伞，在展销、评比中多次获奖。他还积极支持博物馆、展览馆的展示工作，认为这是宣传西湖绸伞的最好平台。杭州西湖博物馆开馆时，厂里的经济十分困难，但他还是分文不收，主动捐赠了精品《西湖全景》绘画伞、《白蛇传传说》绘画伞。

西湖绸伞制作技艺代表性传承人宋志明

国家级非物质文化遗产项目代表性传承人证书

第四，争取有关领导及民间组织的关心与支持。他认为，西湖绸伞有八十多年的历史，是杭州乃至浙江的金名片，千万不能在他的手上失传。为此，他主动向省、市文化部门和非物质遗产文化保护办公室汇报情况，谈自己的想法和看法，争取支持。

为守护住西湖绸伞制作技艺，2005年，杭州市工艺美术研究所完成了西湖绸伞制作技艺的"申遗"工作，2008年，西湖绸伞制作技艺列入国家级非物质文化遗产名录。2009年，宋志明被文化部授予西湖绸伞制作技艺代表性传承人。"申遗"成功后，宋志明将设在富阳的苏杭工艺厂迁入杭州，改名为"猛犸艺术工艺品有限公司"。2012年，经杭州市劳动局批准，建立了宋志明西湖绸伞大师技能工作室。

宋志明是一位有技能、有生产经验、有管理水平的西湖绸伞艺人，三十多年如一日，与绸伞不离不弃。他表示，在今后的传艺道路上，一定要克服种种困难，将西湖绸伞这门传统手工技艺传承下去，使之永不失传。

附：《都市快报》关于宋志明的报道
劳动托起"中国梦"

我叫宋志明，五十五岁，你可以叫我做伞师傅。

我是土生土长的杭州人，初中毕业后，父母想让我学一门手艺，好养活自己。我去了杭州市工艺美术研究所，跟着制伞大师竹振斐学做绸伞。那时候是打零工，每天八毛钱，学徒里只有我一个是男的。过了三年，我从学徒成为正式工。从那以后，一直在做绸伞。

大家都知道，西湖绸伞是杭州的特产，创制于20世纪30年代，有"西湖之花"的美誉。成为特产是有它的原因的：伞面选料必须是杭州丝绸；伞骨用的竹子必须选用直径五六厘米的淡竹，每年霜降后去砍，只取中段的三四节竹筒；还要经过劈伞骨、做伞架、伞骨劈青、上架、穿线、剪边、折伞、贴青、包头装柄、穿花线等十八道工序。

所有这些都要靠手工完成。

我用近二十年的时间，才掌握了西湖绸伞的全部制作技艺。

现在，制作西湖绸伞的原料成本越来越高，1995年左右，一把西湖绸伞六七十块钱，现在最便宜的也要三四百块钱。

西湖绸伞因为材料限制且实用性不强，市场也小了，加上外来的仿制绸伞价格便宜，我身边很多有经验的老师傅纷纷改了行。

2008年，我被评为国家级非物质文化遗产西湖绸伞制作技艺代表性传承人，高兴的同时，我也很无奈，"遗产"这两个字听着很不是滋味，不能让这门技艺断在我手里。为了把它撑起来，我不得不做些其他工艺品的生产和销售，用赚来的钱来养西湖绸伞。

我的西湖绸伞要继续做下去，现在只能走高端路线，就是做少点、做精品。它的创新是比较麻烦的，必须保持原有的特色，只能改进伞面图案，把伞头、伞杆做得精致点，用红木或玉石材质。

去年，我的西湖绸伞制作工作室成立了，在湖墅南路的一栋写字楼里，只有二十平方米，有两个徒弟在帮着一起做伞，一天最多做个两把。

我希望再带几个固定的徒弟，教他们学会几道工艺，起码通过这种方式把这个手艺传承下去。希望有一天，能看到我们的"西湖之花"再次盛开。

（记者　陈中秋　报道）

3. 其他资深艺人。

（1）坚韧执着的传艺人——安金陵。

安金陵，浙江杭州人，早年毕业于杭州市工艺美术学校，分配到杭州市工艺美术研究所工作，是一位资深艺人。她性情爽朗，个性执着，还仗义执言，很为同事敬重。她做过羽毛画，学过裘皮贴，最后与西湖绸伞结缘，于1976年起师从竹振斐大师，悉心钻研西湖绸伞制作技艺。由于受过专业教育，具有良好的艺术素养，工作勤奋，悟性好，学艺进步很快，几年下来，她成为艺人中的佼佼者、竹振斐心中的得意门生。

20世纪80年代中期，竹振斐退休。在师傅的推荐下，研究所让她挑起绸伞室主任的重任。在师弟宋志明的协助下，她带领团队将绸伞生意做得很是红火，技艺上又勇于创新，积极探索伞面艺术装饰，绘画伞、机绣伞的造型设计和色彩运用都有很大的突破。二人强强联合，为参评中国工艺美术"百花奖"，共同研制了一批西湖绸伞精品，为作品获得工艺美术界的最高荣誉奠定了基础。

20世纪90年代中期，西湖绸伞受经济环境影响，原材料、资金十分困难。在此情况下，她毅然自筹资金，办起了西湖绸伞生产作

德艺双馨的资深艺人安金陵

坊，为传承这门传统技艺，带了六名艺徒，坚持边传艺边生产，为传承西湖绸伞制作技艺作出了一定的贡献。

安金陵待人真诚，艺德高尚，热心助人。2008年西湖绸伞被列入国家级非物质文化遗产名录，2009年宋志明被评定为西湖绸伞制作技艺代表性传承人，她非常高兴，表示祝贺，并鼓励他坚持下去，传承好师傅的技艺。

为筹建杭州中国伞业博物馆，研制西湖绸伞精品，研究所一声号令，安金陵又重回第一线，积极参与展品的策划与制作。师弟筹建大师技能工作室，安金陵伸出援手，并将自己珍藏多年的有关西湖绸伞的工具、物品、资料无私地赠予宋志明。安金陵宽阔的胸怀、无私的言行，对非物质文化遗产项目西湖绸伞制作技艺的保护和传承作出了很大贡献，是绸伞艺人学习的榜样。

(2) **屠家良伞艺生平远播海外。**

屠家良（1924—1999），男，浙江杭州人，杭州工艺美术行业制伞老艺人。1981年、1987年分别当选杭州市第四届、第五届政协委员，1988年被评定为工艺美术师。

1951年，屠家良投身于西湖绸伞事业，几十年来兢兢业业，勤奋工作，把毕生精力倾注在西湖绸伞的生产、研究与探索上，是一位资

屠家良课徒传艺

深艺人。他擅长制作工艺伞与绘画装饰。1958年进西湖伞厂，课徒传艺，狠抓质量，为企业生产发展，不辞辛劳，亲自为西湖绸伞的总体结构、伞骨伞柄、上盘下盘绘制图纸，并在实践中进行大胆的创新和优化，使作品既保留了西湖绸伞的传统制作技艺，又创新开发了众多的新工艺、新产品，为西湖绸伞的发展与提高勤耕不辍。

西湖伞厂的绸伞生产曾三停三起，历尽坎坷，屠家良却在困境中坚持不懈，努力工作，将传统西湖绸伞服务于电影、电视、舞台美术、现代装饰，让西湖绸伞制作工艺衍生出道具伞、舞蹈伞、工艺伞灯，为保留、传承和发展这门传统手工工艺作出了贡献。

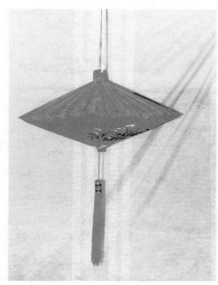

屠家良创制的大红西湖伞灯

屠家良先生一生为工艺绸伞的设计、制作倾注了大量心血，主持开发了十多个新品种。由他设计制作的微型西湖绸伞被轻工业部评为优秀旅游纪念品一等奖和"省优"、"部优"产品。

屠家良在西湖绸伞的设计、制作上均有很高的造诣，在伞面绘画创作上也独具一格。山水画、人物画大量出现在绸伞上。山水画引人入胜，人物画栩栩如生，体现出鲜明的主题与个人风格。如《昭君出塞》、《苏武牧羊》、《嫦娥奔月》、《心经》等，一经问世就受到业内人士的好评。

退休后，屠家良仍在西湖伞厂发挥余热，带徒传艺。他热衷于创作，直至晚年仍念念不忘他的西湖绸伞。在他留下的最后一件微型绸伞作品上，有这样的题记："蜀中佛国胜地峨眉山之景。"旁用工笔小楷写道："家良作此工艺时年七十，得者善自珍藏，搁笔在即，虽欲再得不可望矣。"字里行间流露出老人对西湖绸伞的珍爱与一往情深。

如今，西湖伞厂资深艺人屠家良先生已辞世，但是出自他之手的西湖绸伞，还在中国伞业博物馆展出，延续着他的艺术生命。

1996年11月10日，美国《联合时报》登载了一篇关于屠家良的报道。写报道的记者叫斯图尔特，一个偶然的机会看到中央四套关于屠家良制作西湖绸伞的纪录片，就专程赶

1996年美国《联合时报》采访老艺人屠家良

日本福井市电视台采访老艺人屠家良

到杭州采访。

　　这篇报道在国际上引起了轰动，国外的游客一到杭州，指名要购买屠老制作的西湖绸伞。

　　1997年，日本福井市电视台制作部部长横井和彦携拍摄团队来杭，到朝晖小区屠家良家中，采访并拍摄绸伞制作技艺专题片，使西湖绸伞在日本广为流行，成为日本妇女时尚的出行携具。

　　现在，屠家良最小的儿子屠继强也在做绸伞，屠继强说，父亲最大的心愿就是有人能够把西湖绸伞一直传承下去。2009年4月，杭州兴建中国伞业博物馆，屠家兄弟姐妹十分开心，决定把父亲留下的三十八件西湖绸伞和物件捐赠给博物馆，让前往参观的民众都知道西湖绸伞到底美在哪里，是怎么做出来的。

（3）默默无闻的技艺传承者——陈田荣。

陈田荣，男，浙江杭州人，现年七十六岁，杭州西湖伞厂原技术科科长，资深制伞老艺人。

陈田荣1954年9月1日师从竹振斐先生，成为振记竹氏伞作的艺徒。当时的伞作除竹振斐夫妇外，还有十六名艺人，陈田荣是年纪最轻、最有潜质的一个。

陈田荣为人忠厚，竹老十分喜欢他。短短四五年，陈田荣就学会了所有的制伞技能，特别擅长刷花雕版技艺。

1958年，杭州的绸伞作坊全部并入地方国营杭州风景绸伞厂

陈田荣在工作中

陈田荣和他的徒弟们

（杭州西湖伞厂前身），陈田荣技术高超，任技术科科长。1960年，竹振斐先生在杭州市工艺美术研究所绸伞研究室从事研究和开发工作，成功研制了绘画绸伞、绣花绸伞。陈田荣在技术科将师傅的技艺消化分解，把科研成果转化为生产力，进行大批量的生产，并考虑在保证质量的前提下降低成本，为工厂获得更好的效益，受厂内一致好评。

"文化大革命"期间，西湖绸伞产业萧条，被迫停产，陈田荣下车间劳动，做了一名机修工。直到1970年，他才重返技术科工作，致力于恢复绸伞生产。他主持伞面设计工作，做得风生水起。他与技术人员共同设计两节、三节尼龙伞,使西湖伞厂调整产业结构,进入多元伞种生产。

陈田荣先生从1954年起就从事西湖绸伞生产,几十年来兢兢业业,以己之长为西湖伞厂的生产发展、技术创新作出了巨大的贡献。陈田荣退休后,曾到驻杭州市工艺美术研究所,为筹建杭州中国伞业博物馆刻版复制了一批刷花绸伞样品,技艺之高超,令人敬佩。

(4) 伞骨艺人传承。

伞骨艺人传承表

代别	姓名	性别	出生年份
首创者	戴金声	男	1901年
	朱瑞洪	男	1901年
第一代传人	朱雪钰	男	1915年
	朱王玉	男	1915年
第二代传人	陈如法	男	1927年
第三代传人	戴荣根	男	1945年
	戴松恩	男	1946年

富阳有一个群山环绕、绿树成荫的小山村,叫"赤松村"。那里的村民世代以种田为生,却有一项独到的手艺,就是利用本地的竹子资源,为外地制伞作坊劈制伞骨,做一些篾竹活来维持生计,作为副业生产。清朝时村人就开始从事这门手艺,记载中最早的艺人是

伞骨技艺第一代传人朱雪钰

朱、戴两大姓，他们在家族中传授这门手艺。戴金声、朱瑞洪是两位最早接触西湖绸伞伞骨制作的艺人，出生于20世纪初（1901年），经历过油纸伞骨的制作。20世纪30年代初，都锦生丝织厂为创制西湖绸伞，聘请他们到杭州试制西湖绸伞伞骨，历经数月的研究，终获成功。

据朱瑞洪的儿子朱雪钰回忆：试制成功后，老人家曾带回一把封样的伞骨向他们炫耀："这是一把西湖绸伞伞骨，你们做不做得好？我们这里淡竹多得很，都老板要建立淡竹加工基地，在鸡笼山落地生根。"戴金声、朱瑞洪将西湖绸伞伞骨技艺传到了赤松村，在家族中开始加工生产，以后的几十年里绵延不断。他们当属伞骨制作技艺的首创者。

20世纪50年代，为配合西湖绸伞出口的生产任务，原富阳县东洲公社在鸡笼山成立了东洲伞骨厂，1958年起专做绸伞伞骨，供西湖伞厂制伞。朱雪钰、朱王玉为劈骨高手，当年朱雪钰任厂长，朱王玉为技术负责人，组织了赤松村六七十户家庭七八十人赶制伞骨，当年一个生产点可做几万把，忙得不亦乐乎，完工后的成品由浙江省

伞骨制作基地富阳鸡笼山赤松村

土特产公司统一收购。他们为西湖绸伞的出口创汇作出了贡献,朱雪钰、朱王玉当是伞骨技艺的第一代传承人。

陈如法1927年生,他是伞骨劈制的第二代传人。随着生产量的锐减,他是几位坚持留守的劈骨艺人,每年只有少量的伞骨专供伞厂制伞用。

随着西湖绸伞的复苏,戴、朱两个家族又一次兴起,戴荣根、戴松恩拾起家族手艺,重新忙活起来。由于手艺高超,品质上乘,为乡人推崇,被誉为第三代传人。同时代的伞骨艺人还有陈荣定、朱乃彬,他们也是当今活跃在赤松村的伞骨艺人。

西湖绸伞伞骨技艺落户在赤松村,代代相传。当年的传承方式

伞骨工艺第三代传承人戴荣根和戴松恩

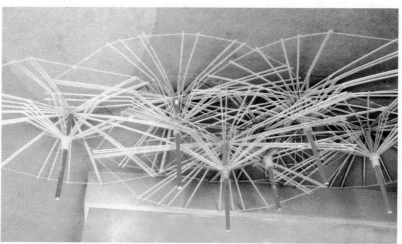

西湖绸伞的淡竹伞骨

一般在家族或家庭中传授，类似师傅带徒弟，以口授身传的方式将手艺传给儿子或侄儿，还有一个夫妇相随的传艺方式：丈夫做劈骨、开槽、制斗，妻子配合他完成钻眼、打洞、穿伞骨。女人心灵手巧，会一支不错地将伞骨穿入上、下伞斗之中。

如果这门手艺有外姓人要学，须行拜师礼，学徒由父亲陪着，提上礼物到师傅家认门、拜师。民国时期虽已减掉许多繁文缛节，但学艺经历还是非常艰辛的，仅学习劈伞骨就须先劈短骨两年，技术熟练才上手劈长骨、劈青。

想当年，伞骨需求量最大时，也曾在温州、诸暨牌头、安吉等淡竹资源丰富的地方设点试制过，均无果而终。鸡笼山村民那淳朴敦厚的胸怀，高品质的劈骨水平和对西湖绸伞的不离不弃，令人称道，为西湖绸伞的传承和发展作出了极大的贡献。

现状与保护

被誉为「西湖之花」的西湖绸伞，那缕缕情丝幽香，在喧嚣庞杂的空气中日渐淡去。具有浓郁地方特色的民间工艺，正面临濒危失传的境地。

现状与保护

[壹]濒危状况与保护措施

被誉为"西湖之花"的西湖绸伞,那缕缕情丝幽香,在喧嚣庞杂的空气中日渐淡去。具有浓郁地方特色的民间工艺,正面临濒危失传的境地。

20世纪90年代初,杭州市工艺美术研究所、杭州西湖伞厂两个仅存的生产单位,为持续发展这门传统手工艺,步履艰难地走着,有过辉煌,也有失落,在调整产业结构,关、停、并、转中,杭州西湖伞厂于1992年戛然止步,并宣告关厂。大部分有经验的老师傅退休、改行,各奔东西。该厂老艺人屠加良离世后,其子屠继强为延续父亲这门手艺,勤耕不辍,坚持在业余时间制作西湖绸伞,可谓尽心尽力,难能可贵。但毕竟杯水救不了车薪。

杭州市工艺美术研究所制伞老艺人、工艺美术师安金陵,怀着对西湖绸伞的一腔热爱,组织人员办起了一个绸伞作坊,生意也曾红红火火,几年下来终因市场萎缩,经营惨淡,难以生存而宣告退出。

杭州市工艺美术研究所在体制改革后,因经费紧缺,西湖绸伞的投资也遇到"瓶颈"。竹振斐先生的关门弟子宋志明为保留这门传统工艺，几经折腾，自己出资，在富阳市赤松村淡竹基地租房创建了苏杭工艺品厂，并招徒传艺，组织生产。人到中年的宋志明，像竹老师傅一样手把手地培养出一批十几岁的小学徒，教会他们怎么制伞、穿花线、剪糊边、绘伞面，同时又送走了一个又一个中途退学者。宋志明在这片小天地里，传递着这门传统工艺的独门技巧。这样稀少而温馨的片段像历史的闪回镜头，带着令人伤感的气息，犹如西湖绸伞的淡出。艺人们日渐苍老的面孔与他们布满厚茧的双手，提示我们，那温柔、悠然的旧日情怀一去不复返了，那人、那材料、那工具之间亲密无间的关系正日渐淡化。

目前，西湖绸伞生产研制和技艺传承中存在诸多的无奈与困惑。制作西湖绸伞的原材料丝绸、淡竹等在市场调节中大幅度调价，员工工资和加工成本增翻了近二十倍，绸伞的成本制约了销售。

专业技艺人员年龄老化，老一辈制伞艺人逐渐逝去，年青一代受当代文化和价值观的影响，对传统技艺、文化认知大为弱化，对手工技艺学习的积极性逐步衰减，不太愿意学习这门手艺，人才出现断层，西湖绸伞这一传统手工制作技艺面临衰竭、失传的危机。

西湖绸伞赖以生存的市场也正在萎缩，销售渠道不畅，湖南、江西等地的冒牌西湖绸伞充斥市场，真假绸伞在价格和制作工艺上差别较大，不正当的市场竞争严重影响了西湖绸伞的销售。

西湖绸伞自从断绝了出口任务,制伞工厂、规模逐渐缩小,仅存的几家小企业也逐年关闭。杭州市工艺美术研究所是非物质文化遗产项目西湖绸伞制作技艺的保护单位,但也因资金短缺而不敢有较大的投入,只能暂时委托"非遗"传人,带几个学徒小批量生产,苦苦支撑,同时,行业技艺传承、留住手艺等问题,在全方位开展产品推广、宣传中仍存在较大的困难。

西湖绸伞是高档消费品,有一定的消费人群。小批量生产,满足不了客户的需求,也不能降低成本。有了较大的订单,又为原材料发愁,缺乏备料和原材料基地,这就是传统手工艺难以维系生产的原因。

以哪种方式保护西湖绸伞,是困扰工艺美术界的一个难题。致力于保护与拯救传统工艺的机构与学者们认为:目前政府对非物质文化遗产的保护可谓竭尽全力,划分为生产性保护和记忆性保护。而西湖绸伞介于两者之间,确实有点尴尬。他们坦言,目前"非遗"项目保护主要是针对责任保护单位。西湖绸伞的责任保护单位不明确,无法进行相应的扶持,他们仍在这条崎岖之路上苦苦求索,提出一些切实可行的方式与途径,以唤起政府方面的重视并采用,在实践中求证切实可行的法则。

2008年,西湖绸伞制作技艺"申遗"成功,列入国家级非物质文化遗产名录,得到政府的正确引导和社会的支持。

1. 生产性保护。

（1）注重人才培养。杭州工艺界资深人士指出，要打破传统的机制，保护和传承西湖绸伞制作技艺，重要的是人才的培养。要与企业建立良好的沟通与供需关系，确保西湖绸伞制作人才学有所用。

在杭州市人力社保局的大力支持下，由宋志明主持的西湖绸伞技能大师工作室已正式成立。工作室既是西湖绸伞研发、生产的中心，又是培养人才、传承技艺的平台。国家级"非遗"项目西湖绸伞制作技艺代表性传承人宋志明先生，以传授技艺、培养新人为主旨展开工作。传授技艺分专职学徒、兼职学徒，还有外加工学徒。通过多种形式，辛勤育人，经多年努力，虽然培养人数不多，但确实造就了一批西湖绸伞制作技艺的新人。

（2）建立西湖绸伞原料、生产基地，保护好传统工艺制作技能，提升西湖绸伞质量，在手工技能不变的情况下，走与科研院所相结合的道路，与艺术类高校相结合的道路，努力创新，提升西湖绸伞的艺术品位与质量。

（3）协助有条件的乡镇、街道恢复伞业社、小作坊，并派工艺美术行业专家、大师前去指导、协调和培训，以此孵化西湖绸伞民间作坊，让西湖绸伞工艺重新扎根民间。

（4）逐渐恢复、重建销售渠道，根据现有生产能力，做到及时生产销售，不仅以伞养伞，还要为扩大再生产积累资金。

2. 记忆性保护。

（1）利用杭州工艺美术博物馆这一展示平台，通过活态表演，以周期性的活态展示，对西湖绸伞制作技艺作文化传播。让观众敞开心扉，留下记忆，促进社会公众对西湖绸伞制作技艺的了解和认知，从而达到保护与弘扬的目的。杭州市工艺美术研究所为提升活态馆的展示水平，专门提供了旧时的生产工具及经典作品，并克服困难，将刷花工艺的刻版及留档的文化伞、历史伞借给博物馆展出，丰富了展示内容，提高了展品档次。

（2）建立西湖绸伞制作技艺档案，将西湖绸伞珍贵的实物遗存、生产工序遗存，老艺人口授身传的笔录，通过档案归类整理，形成系列文档，分为电子档案、专业技术档案、图片档案、实物档案等二十多个系列卷宗，作为民间工艺记录性档案，让非物质文化遗产永存于世。

（3）主动投入各项社会活动，积极参与展示会、博览会、技能表演等，举办制作技艺培训班、设计大赛，争取社会各界人士的关心和爱护，扩大西湖绸伞的宣传与人才培养。

当前，在现代审美观念和时尚工艺品的冲击下，如何使西湖绸伞重放光芒，创新复兴机制是重中之重。除了政府各项政策的大力支持外，传统西湖绸伞制作技艺要真正保持持续的生命力，还必须倚仗自身的造血功能，以创新的经营模式适应现代生活的需要。

[贰]活态传承与展示

　　中国工艺美术博物馆所属的手工艺活态展示馆，坐落在京杭大运河杭州市拱宸桥西。该馆主要设传统手工制伞、制扇、制剪，工艺活态演示及现场体验区，2011年5月正式对外开放。

　　手工艺活态展示馆开馆以来，接待游客五十多万人次，迅速发展成为集传统工艺表演、体验、教学、销售"四位一体"的"非遗"新亮点，也是杭州市第一家非物质文化遗产活态展示馆，被授予浙江省非物质文化宣传展示基地。

　　西湖绸伞制作技艺自列入第二批国家级非物质文化遗产名录后，已引起社会各方关注。西湖绸伞在长期的生产实践中积累了丰厚的精神文化遗产，直接反映了杭州地域文化手工艺品的造物智慧和艺术价值。手工艺活态展示馆致力于保护、展示地方手工艺的代表作品，除了保存和展示作品、器物、工具外，还活

西湖绸伞穿花线体验点

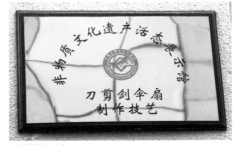

制作技艺证书

态演示非物质文化遗产蕴含的造物智慧和鲜为人知的制作技艺。开
馆以来，初步形成了信息定位与展示模式，逐步发展为非物质文化
展示的新形式。

　　长期以来，博物馆展览以静态为主，对非物质文化遗产的特性
表达和传播方式比较单调，有局限性。手工技艺不仅仅是单纯的口
头和非物质的形态，而是口头与行为、物质与非物质、有形与无形的
结合。于是，活态展示馆运用崭新的表现形式，节假日邀请民间艺人、
"非遗"传承人进行现场制作演示与讲授教学，这种打破展柜和器
物展示的方式，以人为本的活态展示，在实践中获得很大的成功，
使非物质文化遗产更加接近群众，重新根植于生活，立足于民间的
理念得到回归。博物馆以静态陈列为主导，逐步完善、拓展活态展
示的方式，是保护和延续濒临失传的手工技艺的最好形式。

　　手工艺活态展示馆由手工艺现场制作演绎、手工艺展品器物展
示、手工制作参与体验、手工艺品衍生品展售四大部分构成。现活态馆
入驻了近三十位艺人，长期进行现场表演，展示的工艺品有近百种。

　　活态展示由西湖绸伞以及全国各种伞类、扇类、刀剪剑类等传
承人代表参与表演。西湖绸伞制伞女艺人张金华，将制伞工艺从伞
骨打磨、绷伞面、上浆、伞面上架、糊边、刷花、贴青、定型、伞头上
漆、装伞柄、刷花到绸伞的剪糊边、装伞跳、齐头、伞杆打孔、糊伞
面、穿花线等多项制作技艺在活态展示馆内向参观者分期作全面的

中国伞业博物馆手工艺活态展示馆作坊式场景

中国伞业博物馆外景

演绎和讲解，整体呈现西湖绸伞的制作工艺。

与活态演示馆配套的还有成品器物展示及销售，让爱好者亲自参与传统工艺的制作与体验。根据不同的工艺特点，开发了饶有趣味的体验项目，由老艺人现场传授、参与者独立完成作品的仿制。其项目有伞面贴青、刺绣、绘画、穿花线等。体验者可按兴趣购买半成品材料，在老师傅的指导下自己完成。通过生动、有趣、直观、好看、好玩的互动体验，能更好地把握、准确地理解非物质文化与老传统、老技艺的无穷魅力。

据对手工艺活态展示馆观众抽样调查，参观满意率达99.3%。受访者中有不少十八至三十周岁的青少年观众，实是可喜、可贺的现象，希望传统文化的展示和手工艺活态展示，可以引发他们对于地域文化的情感共鸣和身份认同。目前，传统工艺的参与体验已成为展示馆最大的热点。馆内观众抽样调查中，最感兴趣的两大选项分别为"手工艺人"和"工艺品"。这从一定程度上说明，观众是通过具体的载体对非物质文化遗产加以了解的。

西湖绸伞作为濒临失传的国家级非物质文化遗产，在这里得到了充分的展示和活态演绎，为传承、发扬和普及非物质文化遗产营造了一个良好的生存和记忆空间，也为西湖绸伞安置了一个最好的延伸和发展的归宿。

手工艺活态展示，是保护手工艺类非物质文化遗产的一种创新实践。要实现长效性的发展和维护，就其本身来讲，还需逐步进行科学、系统的完善，展示的内容要不断地丰富和优化，传承和教育要逐步系统化，研究与探索要专业化。

附:

留住手艺、传承文化

早先因为在杭州市工艺美术学会工作的需要，笔者曾经为西湖绸伞制作工艺申报国家级"非遗"项目及传统刷花工艺恢复性抢救工程做过一些工作。在与传承人朝夕相处的日子里，慢慢了解了西湖绸伞工艺过程，从那些点滴采集而成的口述调查史料中，对之产生一种特殊情结。之后调入浙江省文化馆从事浙江省民间艺术保护工作，又多次与专家谈及西湖绸伞的过去与将来，喜忧并存。笔者以为，只有真正感受到西湖绸伞的文化价值和美学内涵，才能有所定位，找到后续保护的方向与措施。

西湖绸伞始创于1932年，杭州都锦生丝织厂老板都锦生受到国外绢伞的启发，利用杭州丰富的丝、竹原材料资源，在老艺人竹振斐的努力下，克服了绸伞伞骨制作、伞面装饰方面的诸多困难，最终成功研制出本地绸伞。因伞面采用杭州丝绸，并饰有西湖风景图案，故称"西湖绸伞"。1935年后，西湖绸伞除都锦生丝织厂生产外，相继有振记竹氏伞作、"王志鑫"等绸伞作坊开设，其中以西湖绸伞试制者之一竹振斐先生开设的绸伞作坊较为有名。风风雨雨间，杭州西湖绸伞经历了高潮与低谷，传承至今已有八十年历史，并于2008年列入国家级非物质文化遗产名录。

杭州独有的淡竹、丝绸资源及西湖风景装饰图案，是西湖绸伞的标志性特征。西湖绸伞经工艺家精致选材后，再通过十八道手工流程而名扬天下。笔者以为，除了工艺本身，西湖绸伞本身所具有的格调——一种贯穿表里的文化气息，体现出来的文化和精神内涵，更是其魅力源泉。

1. 地域文化特质。江南独特的地域风貌，孕育出温婉典雅、淡泊内敛的地方文化特质。杭州西湖寄寓着知识分子的人文情思和隐逸意趣，承载着儒、道、佛三教共融互补的传统文化精神。民间手工艺术强调的是物质与精神、功能与形式的和谐统一，通过工艺、材料、色彩等形式的组合变化，体现出工艺家的智慧，最终引起受众的呼应，而西湖绸伞恰如其分地表达出这种特质与追求，彰显个人审美趣味和综合素养，成为表现江南女性温婉精神特质的载体之一。淡墨西湖烟雨迷蒙，断桥嫩柳拂面，粉色绸伞飘入画面，达到景、物、人和谐相融的最高境界。同样，丝绸的温润、淡竹的清雅、江南书画的文人情趣也淋漓尽致地散发出来。

2. 民俗文化特质。伞一度成为民俗学谈论的热点之一，"伞"的繁体字"傘"由五个"人"字构成，一种解释寓意"五子登科"；更能让人产生共鸣的是另一种解释：从汉字结构来看，多人同撑一把伞，寓意团圆恩爱、同甘共苦、多子多孙，伞成为民俗信仰中的一个吉祥符号。

从佛教题材及古代仪仗的图像资料看，华盖伞的穹形构造使人想到天，法力无穷、人权至上的理念根深蒂固地存在于百姓心中，"保护伞"有了护法、护生的另一层寓意。

谈到西湖绸伞，人们会自然想到白蛇传传说中的《借伞定情》。显然，从史学角度上看，二者没有任何关联，但是从中可以看出人们自发产生的对美好事物的想象。人们更愿意将凄婉的民间故事与西湖绸伞关联起来，寄托对爱情、对美好愿望的情感。由此，西湖绸伞更多地出现在民间舞蹈、民间戏曲、民间美术乃至民间信仰和民俗活动中，这些相通的艺术门类为之提供了发展空间，赋予其更为深远的艺术价值。

3. 美学特质。造物和色彩最能反映出一个地区、一个民族的审美追求和文化信仰，西湖绸伞所拥有的质感、色彩、造型特点形成了其固有的美学特征。"张开是一把伞，收拢是一根竹"，巧妙的构思是其他材质的伞骨无法实现的。优质淡竹制材的唯一性使之价值大幅提升；江南丝绸的经纬密度、丝光效果和冰滑手感给人柔美的感官享受；穿梭于伞骨间的彩色棉线所产生的几何线条赋予万花筒般的遐想空间；"三潭印月"的伞头造型敦厚古拙，与竹、丝等天然材料气质相合；而伞面图案围绕西湖景色、民俗风情，用墨色淡彩绘就，清新平和，抒发了人们淡泊宁静的情怀；劈青穿骨、刷花剪边、黄鱼胶的熬制，通过纯手工过程完成的西湖绸伞，带给人们农耕时代的气息，这种气息在当今的浮躁社会中弥足珍贵。

三种特质造就了西湖绸伞的格调，这种格调或许暂时不为人所熟知，但是随着社会的发展，曾经的文化断层正逐步修复，文明素养的提升使艺术品市场有了更为乐观的前景，国家级非物质文化遗产项目西湖伞制作技艺所体现的民俗、审美、收藏等文化价值也必将提升到民族精华的高度，伪艺术、赝品终会退出历史舞台。

目前，市场经济的冲击，对"非遗"项目的保护产生了一定的负面影响。"非遗"保护的基本要求是材料的原真性、技艺的传统性和手工制作的唯一性。目前，用于西湖绸伞伞面黏合的黄鱼胶严重缺乏，假如一味地追求产业需求，会导致大量运用化学替代品及非传统技法的工艺流程，甚至做不到每道工序都以手工完成，到那时，西湖绸伞也将失去它应有的格调，成为低档商品。目前，嫡系传承人中能完成整道工序的几乎没有，完整配齐各道工序的师傅更是难上加难，时间一长，人亡艺绝，其损失无法估量。因此，目前西湖绸伞制作技艺亟须得到非物质文化遗产生产性保护的支持。根据"采取措施，确保非物质文化遗产的生命力"的核心宗旨，生产性保护不是商业行为，而是通过国家的政策、资金、人力的支持，让品类重现完整的生产过程，在过程中让相关的技艺以及知识体系得到传承。

社会的重视、政府的引导、企业的支持是西湖绸伞制作技艺能真正活态传承下去的支柱。普及西湖绸伞的项目知识，提升大众识别真品、赝品的能力，纯净西湖绸伞的生存空间，是让社会重视的方式之一；"非遗"保护主管部门的支持和引导可以让民间手工艺企业和个人认识到责任和义务；专家的学术支持可以帮助项目找到发展的途径和方式；而有识之士在前期抢救性保护阶段提供的资金支持，可以从技艺恢复、人才培养开始，所有的投入在今后得到的回报是无法估量的。相信有序、良性的运作方式，会使西湖绸伞制作技艺走出困境，发扬光大。

（余知音　撰文）

西湖绸伞制作技艺的创新视野

西湖佳话不胜枚举。宋诗云:"乌云翻墨未遮山,白雨跳珠乱入船。卷地风来忽吹散,望湖楼下水如天。"传说许仙借伞与白素贞应是这个时辰。从此,千年浪漫爱情故事传诵至今,迷倒了不少情男靓女。伞在这里圆了许多人的情缘。

江南雨多,伞自然必不可少,雨天参差风云的伞又是一道别有的风情。雨丝朦胧中,白墙黛瓦柳丝边,点点滴滴,隐隐现现,丁香诗人戴望舒的一篇《雨巷》,把雨中柔情描述得淋漓尽致,惹起了多少人的梦忆,又有几多人为之朝思暮想。都锦生独具慧眼,悟透了西湖的风骨与柔情,可谓识天时、尽地利、用美材、施巧工。其选淡竹为骨,丝绸为面,施丹青绘事,冠西湖之美名,号"西湖绸伞",遂成为当时杭城一大美事。

绸伞以淡竹为骨,用其有节刚正,洒脱清幽;以丝绸为面,意蕴柔美温丽,品逸神端。伞合而为一竹节,内秀而外见虚心劲节,朴实无华,真可谓道存于器。这种中国人骨子里的文化精神,又何尝不是做人的道理?都锦生,有大学问!

时过境迁,已是文化多元的世界,许多国粹成了遗产。遗产的保护除了进档案馆、博物馆,诚实地继承和入时的创新成了一大话题。言必称"创意",却终不知创意为何物。邯郸学步,到头来却失去了本质。遗产成了物产,纯以买卖盈市为目的。功利唯一而大道无存,文化自然无从谈起。

西湖绸伞成为国家级非物质文化遗产，无疑是名至实归。一把伞，开合间实在是一种民族文化的张扬。我们谈传承，首先必是文化精神的继续。缺此，传承就成为一纸妄言。

传统的西湖绸伞伞面装饰，内容和技法已经十分完备，有绘画、刷印、喷绘、剪贴、绣制等各呈其彩；内容如西湖十景、花鸟虫鱼、龙凤呈祥乃至百子嬉戏、春江月夜、戏曲脸谱，已足以应对各人之宜。但时值现代，审美价值观的潜移默化和时尚的快速应变，无论从物质还是技术、文化等层面都还是有理由认定存在可进一步发展的空间。

工艺本就是科学与艺术的结晶。二者的有机结合，往往使形式感和功能创新成为现实。如伞面装饰材料，是否可以因为物理或化学反应而变换色彩，从而使图案更加生动多彩。伞面图形遇水而变色、显形，或因光线折射移动而变换图形等。在形制结构设计方面，是否也可做到折叠或延伸，同时强化伞面防雨和防紫外线的功能。可以有很多可探索的创新触角值得讨论，包括"道存于器"即文化意义的创新。

在现代化的建设中，实现城镇化的程度成为成功的标识之一。据悉，在过去十年中，平均每天消失八十个自然村，依托于农历民俗的民间美术活动失去了文化植被而濒临绝境，外来文化都在强势地催生新的城镇民俗的形成，如西方节庆文化已慢慢侵占了我们的社会文化生活。西湖绸伞的产生，原基于城镇文化消费，偏重于装饰性。在当今追求时尚的社会里，要保持和弘扬民族优秀的传统文化精神，努力进入各个领域，依然可以有所作为。如以用途分类，研究用于装饰纪念、节庆狂欢、情感信物、童戏玩具、福寿屏障等各含文化意义的绸伞，表述民族优秀的价值观和审美观，渗透融入到现代生活、生产方式中去，民间工艺遗产的活态传承才有可能实现。

社会创造的主体和希望在于青年。如何在装饰和实用兼具的功能上满足现代社会主流人群的心理、生理需求，关注产品的终端市场的动态，多做些分析研究，对于民间工艺当大有裨益。

（陈建林　撰文）

西湖绸伞技艺的传承教学

2012年11月22日晚六点，在中国美术学院象山校区二号楼208教室举行了"我意向中的杭韵风情——西湖绸伞伞面设计大赛"西湖绸伞专题讲座。浙江省民间美术家协会主席裘海索、西湖绸伞制作技艺代表性传承人宋志明、高级工艺美术设计师朱戴琳、中国美术学院团委的老师们参与了这次讲座。

这次讲座由中国计量学院赛扶协会和中国美术学院民间美术研究协会共同承办，旨在传播西湖绸伞文化及制作工艺，让大学生

大学生参与西湖绸伞的创新设计

能够深入地了解传统文化、了解西湖绸伞的造物智慧，激发参赛学员的创意灵感，希望通过新旧文化的碰撞和交融，为西湖绸伞带来全新的生命。

开场，裘海索老师就绸伞的历史及文化内涵向与会人员进行精要的讲解，而后宋师傅给大家讲述了他的学艺历程、西湖绸伞的起源与制作技艺。1977年成为绸伞学徒的宋师傅，当年才十八岁，已经三十五年了，始终未放弃过传承和发扬西湖绸伞制作技艺的信念，他的坚定与执着感染了现场的每一个人。宋志明大师还针对绸伞的制作工序进行了细致的讲解。选竹、劈骨、糊伞面、装饰伞面等.十八道复杂的手工制作工序之后，一把精致的西湖绸伞才最终成形。现场宋师傅带来了几把自己精心制作的西湖绸伞向同学们展示，古典的西湖绸伞以它独有的韵味博得了学生们的赞美。最后，宋师傅鼓励学生们为西湖绸伞设计创新，他说："我们可能是太保守了，守住传统不放，希望同学们的设计，能为西湖绸伞带来新的创意和突破。"

　　资深高级工艺美术设计师朱戴琳老师对伞面设计需要注意的技巧进行了详细介绍，并提供了一些其他类伞艺可以借鉴的资讯，希望能以此开阔学生的视野，激发更多的创新设计灵感。

　　最后，学生们踊跃提问，宋志明及朱戴琳老师作详细的解答，使同学们在设计大赛中设计出新颖别致、富含杭韵风情的好作品。

　　在绵绵秋雨之中，西湖绸伞专题讲座顺利结束。希望活动的成功举办能最大程度地发挥大学生的主观能动性，为保护和传承西湖绸伞这一文化瑰宝注入新的活力。

　　这次讲座是一次让西湖绸伞进入大学，与大学生有效合作和沟通的开端，预示了西湖绸伞的创新和发展，西湖绸伞的春天很快就会到来。

附录

    基于对西湖绸伞制作技艺的保护与传承,一些致力于非物质文化遗产拯救工作的机构及专家、学者和"非遗"传人最早体味到历史赋予的责任,从保护文化多样性、延续城市文脉、保卫城市个性化发展的角度,多年来联手媒体,以寓伞于文、寓伞于戏等多种文艺形式,对西湖绸伞加以宣传报道,与西湖绸伞结下了不解之缘。

[壹]西湖绸伞的专家评述与文艺作品

西湖绸伞赞

    人类从在地球上形成的第一天起,为了生存、繁衍,就无休止地与大自然展开抗争。在斗争中,不断地创造物质财富与精神财富,伞就是人类所创造的一种避雨遮阳的生活日用品。

    从表面看,西湖绸伞只是人们遮风蔽雨的日常器具。古代人出行,包袱、伞是必备的行具,可以说是毫无美感可言。而使用者如果用"发现美的眼睛"(罗丹语)去欣赏西湖绸伞,那么其中蕴含的美学意义是出类拔萃的,并可实现多层的主题。比如西湖绸伞"撑开一朵花,收拢一支竹"的结构,如果用美学的观赏角度去欣赏,就可以给使用者一种艺术的刺激和遐想,对伞得出如黑格尔所说的"某种孤立的性格特征的高调的抽象品"的结论。研究西湖绸伞的美学内涵,对提升西湖绸伞的艺术价值具有跨越式的意义。

伞源于何时,无确切年代可考。据《通俗义》称:"张帛避雨,谓之繖盖,即雨伞也,三代已有之。""繖"为"伞"的异体字,是丝绫织物。按丝帛之产生年代,当始于原始社会末期。夏商周时贵族已普遍用丝绸为衣料,因此,伞的概念与丝绸休戚相关。当然,伞的原始状态绝不会是以人造纤维为原料的。

随着社会的发展,人们观念的变化,伞的功能也不仅局限于避雨遮阳了。在封建社会里,伞曾作为卤簿(仪仗队)之物,而且还根据官员品级之高低,分别制定不同的造型和色彩。据宋代王溥著《会要》载:"国朝卤簿有紫方伞四把,红方伞四把,曲柄红绣伞四把,黄绣伞二把,黄罗绣九龙伞一把,直柄黄绣伞四把……"《通典》中也有"一品二品,银浮屠顶;三品四品,红浮屠顶,俱用黑色、茶褐色罗衣,红绢里,三檐;五品用红浮屠顶,青罗裳,红绢里,两檐"的记载。从中可见伞的造型有方有圆,伞柄有曲有直,伞面有绣有绘,面料有绢有罗,而且伞顶有塔形装饰,伞也有多层檐饰,造型、色彩、装饰等均十分多样化。然而避雨之伞均"庶寮通用"青(黑)色,因此黑色绸(布)面料伞为传统产品。

杭州的西湖绸伞就是在继承传统的基础上发展起来的。例如以丝绸为面料,轻便耐用等,只不过不分社会等级,把伞顶的浮屠改为颇具地方特色的"三潭印月"而已。

在实用为主导的原则下，努力加以美化，使实用与审美紧密结合，是西湖绸伞的生产原则和特色。所谓实用，主要指遮阳。伞的部件、结构、材料、功能，是绸伞的主要工艺，在伞面上或刺绣，或喷花，或彩绘，以及伞柄、伞头、伞扣等的造型，则是实用前提下的美化。每逢骄阳似火的炎夏，丽人撑起一把把五彩缤纷的西湖绸伞，不仅起到遮阳的功能，更把人及环境装扮得分外妖娆。西湖绸伞把遮阳的功能和人们的审美活动融为一体了。尽管有实用功能，然而在某种场合、某种意义上来说，审美作用往往会超过实用功能。因此，美的设计尤为重要。

西湖绸伞之所以受到国内外人士的普遍欢迎，关键在于不断地改革与创新。例如，从单纯的遮阳功能发展为晴雨两用，从人工舒展到自动开缩，而且开发了儿童伞、杂技伞等新品种，美化的手段和形式也日新月异，因此，理所当然地销路剧增，备受消费者青睐。到20世纪80年代末已能生产四十四个品种，一百多种花色。以后，分别获市、省乃至全国的各种奖励。这不仅仅是西湖绸伞的光荣，也是杭州人的自豪。

成绩和荣誉的获得不易，要保持它、发扬它，使西湖绸伞更上一层楼，任重而道远。

（顾方松　撰文）

咏西湖绸伞

淡竹青青自带香，丝绸罩得梦飞扬。

收中对节如圆玉，放散浮云着艳阳。

古镇老街桥洞秀，明湖新柳石栏长。

旗袍素手云鬟底，一笑春风已滥觞。

（厉剑飞　作）

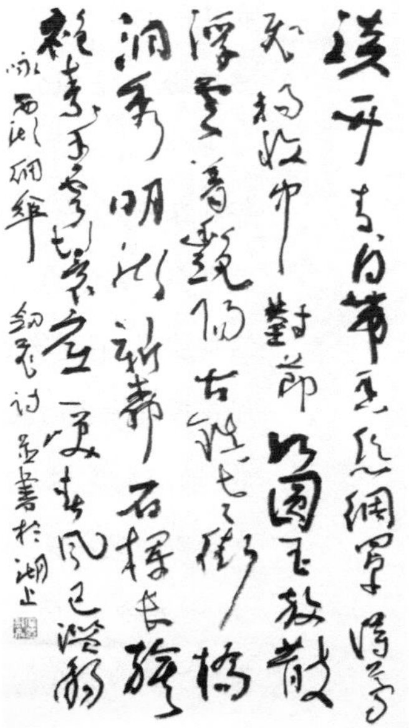

西湖绸伞歌词

穿一袭长衫，撑着丝绸伞，

你持一卷诗书在湖的那一边。

杨柳轻拂，燕子双飞，

一帘烟雨打湿了江南。

这个春天，花开得鲜艳，

依稀还看到你的笑脸。

站在彼岸，向你挥手，

幸福的泪水模糊了双眼。

哦，西湖绸伞，撑起了思念，

我轻声的呼唤你可听见；

哦，西湖绸伞，收藏了爱恋，

你是不是我今生的浪漫？

穿一身蓝衣，撑着丝绸伞，

《咏西湖绸伞》手迹

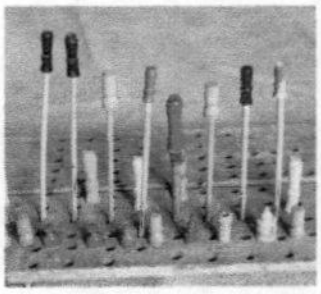

我挽一世等待在断桥的这一端。

雪花纷飞，曾经往事，

一地寒风，冰冻了流年。

等到春天，你渐行渐远，

我也会感到你的温暖。

站在彼岸，目送你远去，

任花瓣落满我的双肩。

哦，西湖绸伞，撑起了思念，

你轻声的叹息我仿佛听见；

哦，西湖绸伞，收起了从前，

你是不是我来生的良缘。

（荷花、青鸟　作）

西湖绸伞

1=C 4/4

词：珠江源

曲：黄清林

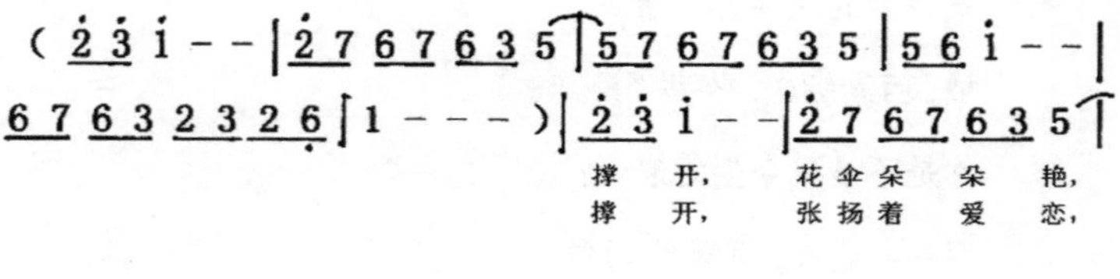

撑　开，　花伞朵朵艳，
撑　开，　张扬着爱恋，

```
5 ( 7 6 7  6 3 5 ) | 5 6 i - - | 6 7 6 3  2 3 2  2 ( 3
              收  拢,      青 竹 段  段  圆。
              收  拢,      约 束 着  情  感。

2 3 2 1 6 1 ) | 2 1 2 3 5 6 5 | 5 ( 3 2 1 2 3 5 ) |
        伞 面 丝 绸 精  制,
        伞 下 美 人 漫  步,

5 6 i 2 7 6 | 6 5 6 i 2 3 i | 2 - - 0 | 3 5 6 5 6 i 2 |
伞 骨 淡 竹 细 编, 神 奇 的 工    艺,    民 族 的  遗
伞 外 烟 雨 孤 山, 流 动 的 风    景,    浪 漫 的  诗

i - - - | 6 5 3 2 - | 2 1 2 3 5 6 6 3 | 5 - - 0 |
产。        话 说 当 年, 许 仙 邂 逅 白   娘  子,
篇。        或 许 今 天, 杨 柳 依 依 天   堂  梦,

6 5 6 3 5 2 6 2 3 | 1 - - - : ‖ 6 5 6 3 5 | 2 - 6 - |
借 伞 生 情 断 桥 边。        凭 伞  结 缘  西
凭 伞 结 缘 西 湖 边。

2 - 3 - | 1 - - - | 1 - - 0 ‖
湖    边。
```

[贰]媒体与西湖绸伞的渊源

始创于20世纪30年代初的西湖绸伞，犹如一朵灿烂的"西湖之花"，一经问世，就受到杭州市民、中外游客的喜爱，并与媒体结下了不解之缘。

当年上海当红电影明星胡蝶、徐来，专程来杭为西湖绸伞庆典揭幕、宣传，一篇报道，让西湖绸伞扬名。此后，这一极具地域文化风情的旅游工艺品，每当入夏旅游旺季，菁华的文字屡见报端，成了那个时代的热门。

1962年，一幅年画《巧夺天工蝶争艳》流行，画面上的西湖绸伞出现在城乡老百姓的堂前、卧室，成为当年的时尚。

随着时间的推移，西湖绸伞以奇巧的造型，古朴典雅的艺术装饰，进入中国工艺美术的殿堂。1959年至1963年，多次参加全国美展和工艺美术展览，大幅作品在《中国工艺美术》展览会刊及对外宣传的外文会刊上刊登。

1972年，美国总统尼克松访华，赴杭州时下榻于西湖国宾馆，一对红色西湖伞灯引起他的关注。尼克松回国时，西湖绸伞作为国礼赠送，引起国内外媒体争相报道，让西湖绸伞又走红了一回。

进入20世纪80年代，改革开放的春风吹遍大江南北，海内外游客逐年增多，港、澳、台的游客面对乡土味十足的民间工艺品奉之若宝，把散发着浓郁乡情的西湖绸伞带给家人，客户猛然增多。

20世纪90年代，在市场经济的冲击下，西湖绸伞的原材料价格攀升，人工成本翻倍，再加上外地地下作坊粗制滥造的冒牌西湖绸伞冲击市场，使西湖绸伞一度处于艰难徘徊、停滞不前的境地。

21世纪开始，政府和有关部门提出"锦绣杭州，工美天堂"的口号，进一步加大了对杭州工艺美术支持和扶植的力度。媒体报道逐劣树良，鼓励创新，使西湖绸伞恢复勃勃生机，迈上了新的台阶。特别是西湖绸伞制作技艺申请非物质文化遗产成功，使西湖绸伞进入了"国宝"的行列。

上海当红电影明星胡蝶

上海当红电影明星徐来

上海人民美术出版社1962年出版的西湖绸伞年画

绣花伞、刷花伞1973年参加全国工艺美术展览,刊登在展览会刊《中国工艺美术》上

曾报道西湖绸伞的《中国工艺美术》封面

西湖绸伞参与2013年杭州文博会

　　目前,西湖绸伞也面临诸多方问题。如何创新并合理开发利用,是生产性保护、继承传统技艺的最终途径。首先要认识到非物质文化遗产在文化产业开发方面的巨大优势和潜力,依托就地取材、就

地加工、低能耗、污染少、附加值高、适合作坊生产的特质，以材料、技艺、样式、风格的独特性构成的手工艺新品格，注入丰厚的人文意蕴、不同的地域面貌和鲜明的民族特色，使手工技艺和手工生产的特质适合我国国情和国际的流行趋势。以西湖绸伞为例，创新还有广阔的空间，如生产多折微型伞和学生的书包配套，成为中小学学生的必备之物。还可在授权的前提下，在伞面印上名人、明星的时尚元素，受年轻人的追捧，等等。用高品质的原料、精湛的手工艺，融入精神内涵，增加西湖绸伞的文化附加值和功能性，加大媒体的创新报道，如此既能保持传统技艺的流变性，又不至于流失核心技术和人文蕴涵，在保护和市场两个方面达到"双赢"的目的。

概述西湖绸伞

西湖绸伞为杭州特有的手工艺品，设计奇巧，制作精细，透风耐晒，高雅美观，既实用又具有较高的艺术价值。

西湖绸伞创制于1932年。当时，杭州都锦生丝织风景厂老板都锦生组织一批工人到日本学习，看到日本同行以做绢伞克服淡季生产之不足，从中得到启发，并带回七把日本绢伞，以其为样，试制绸伞。为克服日本绢伞伞面粗糙发白且无图案花样的不足，都锦生在请温州、富阳的制伞艺人解决了绸伞伞骨的制作难题后，对伞面的装饰予以新的设计。先给以纹样图案，又以绣花装饰，最终以西湖风景图案经刷花工艺在伞面装饰获得成功。因其伞面为杭州丝绸，并有西湖风景图案，故称为"西湖绸伞"。为扩大影响，都锦生特邀电影明星胡蝶、徐来来杭为"绸伞试制成功庆典"揭幕并做广告，西湖绸伞自此出名。

　　1935年后，西湖绸伞的生产除都锦生丝织风景厂外，还有振记竹氏伞作、王志鑫绸伞作坊等，其中以西湖绸伞试制者之一竹振斐开设的振记竹氏伞作较为有名。之后，该业遭受战乱和货币贬值之打击，发展极为缓慢。1938年至1945年的抗日战争期间几近停产，年产量最高未逾千把。时有西湖绸伞生产厂六家，1949年产量仅约三千八百把。新中国成立后，绸伞生产发展很快。至1953年，生产厂增至九家。其后相继组织联营处、生产合作社。1958年9月，建立杭州风景绸伞厂，产量也逐年增加。1950年，全市绸伞产量仅四千八百把，1955年增至十万把，1959年达六十万把。绸伞于1952年开始出口，数量也逐年增加，初为六千把，1959年为四十万把，主销苏联和东欧等国家。20世纪60年代后，中苏关系恶化，出口业务中止，绸伞产量亦逐年下降。1964年至1965年间，产量仅为千余把。"文化大革命"初期，西湖绸伞被视为"四旧"，产量大减，于1970年停产。1972年，在国家保护传统工艺品的指示下，生产得以恢复。后因主要原料淡竹供应困难，加之价格等原因，经营亏损，于1975年再度停产。1977年，西湖绸伞恢复生产，生产厂家有杭州西湖伞厂、杭州工艺美术实验厂。1986年后,除西湖伞厂生产外,杭州市工艺美术研究所也有少量制作。1979年以来,年产量均保持在一万把左右。1992年产量为八千把。1998年西湖绸伞在一些个体企业中保持生产。

早期西湖绸伞品种单一,图案简单,仅有"平湖秋月"、"三潭印月"等九种。1960年,杭州市工艺美术研究所成立西湖绸伞研究室,由绸伞艺人竹振斐主持工作,对绸伞的印花、伞面装饰、头柄造型、使用性能进行了大胆的改革和创新,使之更趋完善。西湖绸伞撑开时伞面色彩绚丽悦目,网状形伞架也给人以精工细刻的美感;收拢时宛如一段玲珑淡雅的天然竹筒,伞面则嵌夹在伞骨中间,平整服帖。它既可遮阳,也能装饰,具有浓郁的江南风味和秀雅的艺术神韵,名闻遐迩,深受人们喜爱。

西湖绸伞原料选用要求甚高,伞骨要用淡竹,且要三年以上者,粗细规格在15—16.7厘米之间,竹节间隔不能小于38厘米,竹筒色泽必须四周均匀,不能有阴阳面和斑疤。一般每支淡竹取其二至四节,伞顶和伞柄则均要选用坚硬细密的木材。20世纪30年代,伞顶和伞柄镶有牛角,后因价格昂贵而放弃。伞面原料有绸、乔其纱,伞面装饰有刷花、绘画和刺绣。刷花采用多种套色,常以杭州西湖名胜为题材。绘画则采用中国传统画的技法,以仕女、花鸟为主,并具有装饰趣味。刺绣有手绣和机绣两种,工艺精细,鲜明秀雅,具有良好的艺术效果。伞头造型借鉴西湖三潭印月中的三潭，具有鲜明的地方特色和装饰趣味。伞柄的造型则采用花瓶形，风格典雅，手感舒适。

　　绸伞生产全过程有十八道工序，技术要求严格细致，其中劈青、上架、剪糊边、伞面装饰、穿花线、贴青等工序尤为关键。如穿花线，每把伞骨的短骨都有四排细孔，每排细孔间隔仅1—2.5毫米，制作时，一手飞快地旋转伞身，一手捻着花线针，在细密的缝隙中穿针引线，来回交叉编织网纹，一把伞共要穿二百九十六针，工艺精细。又如贴青，须做到"三齐一圆"，即顶齐、节齐、边齐，收拢圆稳，要求制作者将每支竹骨的青篾一支不错地胶合到原配伞骨的绸面上，使伞收拢时恢复成天然竹节。

　　　　　　　　　　（《中国·浙江工艺美术》　2000年5月）

大学生设计的西湖绸伞分外美

　　几声拨弦，几声长笛，在如水流淌的旋律中，身着大红旗袍的女子撑着西湖绸伞缓缓走来，婉约动人。伞面上，翠绿荷叶、粉红桃花、金黄桂花等杭州元素比比皆是。近日，在中国美院象山校区举行的西湖绸伞伞面设计大赛上，现代艺术与传统经典来了一次有趣的碰撞，制作和表演这些绸伞的都是美院的大学生们。

　　西湖绸伞是国家级非物质文化遗产，始创于20世纪30年代初，以竹作骨，以绸张面，撑开时悦目如花，收拢时又变成一段严丝密缝的圆竹，素有"西湖之花"的美誉。

据西湖绸伞制作技艺代表性传承人宋志明介绍，制作一把绸伞，要经过劈伞骨、做伞架、剪边等十八道工序，做工十分讲究与精细。他坦言：近年来，由于西湖绸伞古老的风格与现代社会的审美和实用要求渐行渐远，逐渐退出了现代市场，淡出了人们的生活。

在当天举行的颁奖典礼上，设计作品或朦胧婉约，或拙朴悠然，或淡雅清新，尽显江南水乡风韵。半米见方的伞面，将现代艺术与传统经典融入其中，令人耳目一新，让宋志明这位与西湖绸伞结缘一辈子的老艺人连连赞叹。他欣喜地告诉记者：新人辈出，后生可畏，看到学生们新颖的作品特别高兴。再传统的艺术也要创新，这样才能满足时代发展的要求。大学生的创意很好，我们也会参考大赛优秀作品，设计更加新颖的西湖绸伞。

据悉，此次大赛由杭州市非物质文化遗产保护中心、中国美术学院和西湖绸伞制作技艺代表性传承人宋志明共同主办。"高校与'非遗'保护单位、传承人一同举办活动，从而发扬传统文化，这样的形式很有意义。我希望高校学生能够更多地参与民间艺术的保护与传承。"中国美术学院教授裘海索说。

（光明网讯　通讯员朱海洋、记者潘剑凯）

培训班开班仪式

西湖之花　青春常在

　　为保护、传承、发展国家级非物质文化遗产项目西湖绸伞制作技艺，培养一批能参与杭州西湖绸伞的技艺传承和设计开发的市场开拓型人才，由浙江省人力资源和社会保障厅主办，杭州市人力资源和社会保障局、宋志明西湖绸伞技能大师工作室等单位承办的首届西湖绸伞制作技艺"非遗"高技能人才培训班日前在中国伞业博物馆开班。

　　出席培训班开班仪式的有浙江省人力资源和社会保障厅副厅长傅玮、职业能力建设处副处长吴钧，浙江省人事培训教育中心主任朱旭峰，杭州市人力资源和社会保障局职业能力建设处处长骆锦伦，杭州市职业技能培训指导中心主任卢红华。开班仪式还邀请到了给予此次培训大力支持的友好单位、机构、学校的代表，来共同见证这段美丽的技艺传承的开始。

本次培训班从相关大专院校和社会青年中招选学员，经过筛选，最终录取三十名有一定手工制作技能，并对传承和发展西湖绸伞制作技艺有浓厚兴趣的学员参加。此次培训班的授课教师，包括美术界、教育界的专家、教授和在西湖绸伞制作上有丰富经验的老师傅。在接下来的几个月时间里，老师们将通过理论知识教学和实际上手操作相结合的方式，对杭州西湖绸伞的历史文化、制作工艺、伞面造型、设计基础等方面内容进行教学，努力使学员掌握西湖绸伞十八道工序的操作方法。

正如西湖绸伞技能大师工作室领衔人宋志明大师所说：西湖绸伞的制作是传统工艺，但是随着社会的发展、时代的进步，传统若没有创新，远远不能适应现代化的工艺要求。组织这样的培训班，目的还是为了让更多的人知道西湖绸伞，认识西湖绸伞，挖掘他们对于传统工艺的兴趣，进而找到合适的传承人。

相信此次培训班的开办，能够告诉更多的人，咱们的传统手工艺不能丢，会有很多人依旧期待并努力着，让传统不断创新，走出一条不一样却充满希望的发展道路。

杭州市西湖绸伞伞面艺术设计大赛圆满落幕

由浙江省民间美术家协会、杭州市非物质文化遗产保护中心、中国美术学院团委、宋志明西湖绸伞技能大师工作室主办的西湖绸伞伞面设计大赛在中国美术学院象山校区举行最终评选及颁奖。中国美术学院教授裴海索，杭州市非物质文化遗产保护中心主任戚晓光，中国美术学院社科部主任王其全，杭师大钱江学院教授、高级工艺美术师陈建林，国家级非物质文化遗产西湖绸伞制作技艺代表性传承人宋志明等专家及领导出席活动。最终从五十余把西湖绸伞中评选出了一等奖一件、二等奖五件、三等奖二十四件。

西湖绸伞始创于20世纪30年代初。2008年，西湖绸伞被列入第二批国家级非物质文化遗产名录。2009年，宋志明被列为该项目的代表性传承人。

西湖绸伞设计奇巧，制作精细，透风耐晒，高雅美观，具有较高的艺术价值，为杭州特种工艺品。但由于现代社会的审美性和实用性要求渐行渐远，从而逐渐退出了现代市场，淡出了人们的生活。基于对西湖绸伞现状的分析，出于对社会的关心、对我国优秀非物质文化遗产发扬传承的美好愿望，携手举办这次面对中国美术学院全体同学的"我意向中的杭韵风情——西湖绸伞伞面艺术设计大赛"，旨在寻找令人眼前一亮的伞面设计，继而制作出更加适应现代人审美要求的西湖绸伞，使之在现代社会同样能绽放出独特傲人的古典之美。

西湖绸伞亮相台北

色彩缤纷的西湖绸伞

2013年海峡两岸文化创意产业展于11月24日谢幕，本届文创展以"工艺·设计"为主题，充分展现了两岸文创产业历史悠久的工艺美学，为两岸文创产业交流提供了一个平台，也为两岸文创产业经济发展开拓了更大的商机。

23日下午展会接近尾声，记者在现场了解到，台湾民众对此次浙江馆区普遍印象较好，无论是西湖绸伞、锦缎、折扇还是家居工艺，都受到主办方以及观众的好评。直到结束，络绎不绝的人群还在西湖绸伞的摊位前拍照留念。

（实习记者冯慧婷）

国家级"非遗"特展掠影

由文化部非物质文化遗产司、国家图书馆、中国丝绸博物馆联合举办的国家级"非遗"特展，2014年1月14日至2月16日在北京国家图书馆举行。杭州西湖绸伞作为国家级"非遗"项目应邀参展。

杭州西湖绸伞文化交流平台（台北）

2013海峡两岸文化创意产业展剪彩现场

国家级"非遗"特展现场

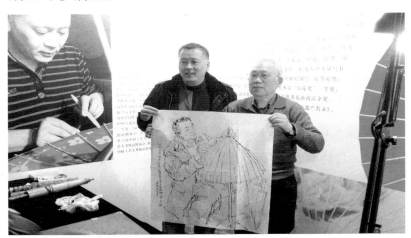

画家为"非遗"传人赠送伞技速写

该展共展出丝绸、文献、实物三百余件，多角度、立体地反映出我国丝绸行业发展、学术研究、技艺保护等方面取得的巨大成就。

传承西湖绸伞文化的大学生——吴超

来自中国计量学院的吴超，通过对西湖绸伞的创新改良，降低成本，提高精致度，创造经济价值，让西湖绸伞重新回到人们的视野中。

说起西湖绸伞，很多人都知道它是杭州的特产。以竹作骨，以绸张面，撑开时悦目如花，收拢时又如一竿竹，集实用性与艺术性于一体。

吴超和他的团队经研究发现，西湖绸伞纯手工制作导致成本高，一把伞售价需要一千元以上。而从艺术角度要求，其伞面绘制过于陈旧。没有了销售市场的西湖绸伞，淡出人们的视野，使得真正的西湖绸伞已绝迹于西湖边，人们苦苦寻觅一把正宗的西湖绸伞而不可得。

吴超及其计创新团队成立"伞伞发光"项目组，与西湖绸伞制作技艺代表性传承人宋志明大师共同解决西湖绸伞面临的问题。通过与中国美术学院以及省民间美术家协会合作，由美院学生为西湖绸伞设计精美伞面；通过将绸伞部分手工艺制造进行机械化生产，在降低成本的同时提升了制作的精细度，从而有效地带动了市场销售。

　　作为"创响新生代"2013"康师傅"创新挑战赛的十强选手之一,吴超及其团队成员将利用"康师傅"资助的一万元公益项目资金,为西湖绸伞拓展销路,并策划一系列绸伞DIY活动,将西湖绸伞文化继续传承下去。

　　90后大学生吴超对西湖绸伞和中国传统文化有着深厚的感情,他说:"保护西湖绸伞的制作技艺,是对中国千姿百态的民间艺术的保护,更是对中华民族文化之根的保护。"

(《中国青年报》)

后 记

　　浙江省积极推进非物质文化遗产保护工作，近年来取得明显成效。为了进一步挖掘、抢救、保护和宣传我省的非物质文化遗产，唤起全体社会成员对民族文化遗产的热爱之情，增强广大群众的保护意识，使那些处于困境中的非物质文化遗产得以延续并发扬光大，浙江省文化厅、省财政厅组织专家、学者编写"浙江省非物质文化遗产代表作丛书"。杭州市工艺美术研究所作为西湖绸伞"非遗"保护和传承单位，受领了丛书中《西湖绸伞制作技艺》这一专题，随后组织班子，开展普查普调，并在此基础上整理、筛选，精益求精，三易其稿，五遍审校，终成此书。由于时间仓促，历史图片匮乏，肯定仍有遗漏和不当之处，恳请读者、专家谅解和指正。

　　西湖绸伞不仅是杭州文化历史、工艺美术的一张金名片，也是民族文化的重要组成部分。杭州的人文历史底蕴给我们留下了极为丰富的非物质文化遗产。一把西湖绸伞，以独特的方式抚慰着人们的心灵，能勾起无数杭州人对家乡的思念和牵挂，非物质文化遗产与现行的物质文化遗产共同书写出杭州文明的壮丽史诗。

本书在编撰、写作过程中，得到浙江省文化厅、浙江省非物质文化遗产保护中心、杭州市实业投资集团有限公司及社会同仁的大力支持，并得到浙江省非物质文化遗产保护专家林敏老师、王其全老师的指导与帮助。浙江省、杭州市有关学者、专家余小沅、庄哲卿、陈建林、余知音、陆玲玲、宋志明、金海法、江巧丹、俞添翼、屠继强等参与了全书的编审、校对、打印，在此谨致以诚挚的感谢。

编　者

2013年9月

责任编辑：唐念慈

装帧设计：任惠安

责任校对：王　莉

责任印制：朱圣学

装帧顾问：张　望

图书在版编目（ＣＩＰ）数据

西湖绸伞制作技艺 / 王曜忠编著. —— 杭州：浙江
摄影出版社, 2014.11（2023.1重印）
（浙江省非物质文化遗产代表作丛书 / 金兴盛主编）
ISBN 978-7-5514-0747-2

Ⅰ.①西… Ⅱ.①王… Ⅲ.①伞—制造—介绍—杭州
市 Ⅳ.①TS959.5

中国版本图书馆CIP数据核字（2014）第223780号

西湖绸伞制作技艺

王曜忠　编著

全国百佳图书出版单位
浙江摄影出版社出版发行
　　　　地址：杭州市体育场路347号
　　　　邮编：310006
　　　　网址：www.photo.zjcb.com
制版：浙江新华图文制作有限公司
印刷：廊坊市印艺阁数字科技有限公司
开本：960mm×1270mm　1/32
印张：5.5
2014年11月第1版　　2023年1月第2次印刷
ISBN 978-7-5514-0747-2
定价：44.00元